与内心的敏感和解

高敏感者减压的29个有效方法

【意】尼可莱塔·特拉瓦伊尼 ———— 著
王晨彪 ———— 译

国际文化出版公司
·北京·

图书在版编目（CIP）数据

与内心的敏感和解 ：高敏感者减压的29个有效方法 /（意）尼可莱塔·特拉瓦伊尼著；王晨彪译．— 北京：国际文化出版公司，2020.12
ISBN 978-7-5125-1234-4

Ⅰ．①与… Ⅱ．①尼… ②王… Ⅲ．①心理压力－心理调节－通俗读物 Ⅳ．① B842.6-49

中国版本图书馆 CIP 数据核字（2020）第 153891号

北京市版权局著作权合同登记号：图字：01-2020-5279 号

与内心的敏感和解：高敏感者减压的29个有效方法

作　者	[意] 尼可莱塔·特拉瓦伊尼		
译　者	王晨彪		
责任编辑	汤万星		
监　制	胡　峰		
策划编辑	何　方		
出版发行	国际文化出版公司		
经　销	全国新华书店		
印　刷	北京柯蓝博泰印务有限公司		
开　本	787 毫米 ×1092 毫米	32开	
	7.5 印张	141千字	
版　次	2020 年 12月第 1 版		
	2020 年 12月第 1 次印刷		
书　号	ISBN 978-7-5125-1234-4		
定　价	39.80 元		

国际文化出版公司
北京朝阳区东土城路乙 9 号　　邮编：100013
总编室：（010）64271551　　传真：（010）64271578
销售热线：（010）64271187
传真：（010）64271187-800
E-mail：icpc@95777.sina.net

Contents

目录

Part 1

善待自己，从缓解压力开始

Part 2

减压实践篇：29 个有效方法

Part 3

减压日记：记录每一次变化瞬间

自 序

我花了许多年才完全理解减压对于维持身心健康有多重要。作为一名高敏感型的人，我曾经对此毫无了解。正因为缺乏相关的知识，从小我就为之付出过一些代价，在一段时间里，我是在一种极度缺乏安全感，并为此苦苦挣扎的状态下度过的。

本书的意义正在于尽可能地使读者们从我的亲身经历和专业知识中，学到一些应对日常生活中可能出现的各种难题和困境的方法，以避免重蹈我的覆辙。

当我还是个孩子的时候，我的身心状况就已经出现了一些问题：小时候，我经常被皮炎和头痛困扰着；稍微年长一些后，又出现了肌肉紧张和肠道胀气的问题。我一直以为自己只是体质羸弱、意志消沉，也因为这个原因，我错过了生活中许多美好的时光。我的父母考虑到我体弱，从小就不允许我参加过多的游戏和体育活动。应该说，他们都是出于好意——只是想保护我。然而，实际上，这样做既不利于提高我的免疫能力，也无助于增强我的自尊自立意识。

在大多数情况下，敏感与脆弱只有一线之隔。

我曾有过一段漫长的身心备受煎熬甚至濒临崩溃的经历。在我们眼中，积极主动、奋发有为都是非常好的品格，然而，我们也要明白，对身心而言，生活中某些无所作为和消极被动的时刻也是十分珍贵的。

我曾经一度难以接受那种无所作为和消极被动的态度，因为如果我不能像其他人那样干劲十足，我就会跟自己生气，内心充满了矛盾感。我甚至一度认为自己比别人更容易感到疲倦，认为自己对许多事情都提不起兴趣，认为自己在处理社会人际关系时会感到紧张。在我与众人共度一天之后，常会感到心力交瘁。

当我还是一名学生的时候，会因为与朋友共同做一些事情而感到害羞：周六下午，大家一起外出，吃下午茶和比萨饼，然后去蹦迪。也许，我也喜欢做这些事情（至少我认为是这样的，或我认为自己应该是喜欢的），可到头来我都无法坚持到最后，往往活动刚开始一会儿，我就想打道回府，或者做一些更为平和的事。

现在我已经是一名心理学家了。进入职业生涯的头几年，于我而言，是一种难得的锻炼机会。那时候，我在一家著名的心理学杂志社担任编辑，同时，还为一些企业提供培训，常常会用一整天的时间为三十几个人的班级上课，然后，每周我还会抽出几天时间为病人看病。哦，对了！周末，我几乎都得去专业学校继续学习或参加研讨会。最终，我拿到了硕士学位。

我喜欢我的职业，我热爱干这一行。我曾以为这样就够了。可是，我错了。有时候，有那么几天，我真的会忙到天昏地暗、精疲力竭，累到无法起床，需要推掉所有的事务，用一整天的时间来恢复调整。然而，每次我都会感到自责并对自己说："下次，我能做到的！"就像自己犯了什么过错一样。事实却并非如此：我只是需要找个不错的方法让自己敏感的神经系统获得放松，使自己恢复精力就能重新获得快乐。

后来，我得了癌症。这件事彻底击垮了我，打破了我所有的计划，生活的小舟彻底倾覆了。可我也要感谢它，正是因为我年仅30就罹患癌症这件事促使我开始真正关注和尊重自己。

我变得更容易使自己高兴起来；开始择友而交，并将他们根据亲疏远近分类；坚持“有所为”与“有所不为”；与人游戏，但不争强好胜；积极发挥创造力；身体力行，量力而为。我开始不再羞于说出“不好意思，我不去”之类的话，至少，当我感到超出自己所能承受的极限时，我会选择放弃，并且不会为此感到为难。

我开始合理地安排日程，不会在繁忙的时候再安排其他事务。我学会了未雨绸缪，避免因日程过于紧凑而把自己压垮。随着时间的推移，我逐渐领悟到，空闲和忙碌，两者同等重要。

从20岁起，我就一直修习禅宗冥想，现在我开始训练正念冥想。

我只在自己认为必要的时候，才进行体育运动。我时常会做一些生物能量训练，对我来说，它非常有助于舒缓身心紧张状态。

书中推荐的所有训练方法都已经过我的亲身试验，这些方法都是有效的；针对高敏感人群，我还专门设计了适合于他们的方法。

15 年的临床工作和 40 年的亲身经历，既有泪水与弯路，也有积累的经验与获得的成功和喜悦。

适合自己的方法才是最有效的方法。我确信，这本书对每一位读者都是有益的。

读了这本书之后，你不会再因为自己的敏感而感到不适。

读了这本书之后，你不会再因为自己的敏感而感到孤独。

读了这本书之后，你将深深爱上自己与众不同的高敏感人格。

在我整个成长过程中，要是能有个人告诉我，“你那样做很棒，那是正常的，你没有错”；要是能有个专家或者导师朋友及时提醒我不要透支自己，要节省精力，不要勉强，那该多好呀！那样，我就轻松多了。

对你而言，本书正是这样一个人，一位我可遇而不可求的良师益友。它就像一本我们从小时候起就一直坚持记录的日记，记载着我们各种喜怒哀乐和梦想愿望。其实，还不止于此，因为这本书——在“减压日记”的部分——不仅需要阅读，还需要训练，它提供了许多能改善你的生活状态的要点和策略，它将一直伴你左右，为你提供鼓舞和慰藉。

祝您阅读愉快！

爱你们的，尼克莱塔

本书阅读指南

✧ 写给高敏感族的你

请你不要略过这部分内容，它并非序言！

我写本书的初衷不只是为了简单地提供某种供人学习的材料或指导实践的手册，而是要向读者朋友们介绍一位真正的“知心密友”，它将常伴我们的左右，每天都会针对我们的高敏感度提供照料。2018年2月，我的第一部关于这一话题的著作——《敏感者的天赋》正式出版了。此后，我陆续收到读者们给我发来的数量惊人的讯息，这些讯息有的是向我表达谢意，有的则是同我分享他们的境遇。每位读者都以其独特的方式告诉我，通过阅读这本书，他们重新认识到自己也是“正常人”，并非异类，只是有些独特而已。他们还向我描述我的书如何逐渐成了其人生之旅的良伴：有的人总是将它放在手边；有的人不时要把它拿来读一读；有的人则干脆将其视作镜鉴，时刻拿它来对照自己的经历。应当说，《敏感者的天赋》是一本非常实用的书，因为我在其中加入了许多可供读者自己操作的训练。今天我要向大家介绍的这本新书，是对上一本书的自然延伸，它的创作灵感正来源于看过上一本书的读者们给我发来的海量讯息。

作为一名高敏感型的人，我总想做到尽善尽美！

本书涵盖了许多关于心理学和个人成长领域的最新知识，它将发挥类似生活规划师的作用，帮助我们过上一种正确的、具有满足感的平衡的生活。

同时，这本书也是经得起时间考验的。在我看来，它就像我们的私密日记，记载着我们从孩提时期或青少年时期起的各种情感、经历、梦想和恐惧，其中充满了宣泄情绪的插图和话语。

这本书也是科学与浪漫主义的结合，是技巧与神奇力量的产物。因为我就是由这些东西造就而成的，我们大家都是如此。

书中邀请您完成的相关表格和绘图将帮助您记录自己成长和变化的历程。您走过的每一步，无论是前进还是后退，都“必须”进行可视化的呈现，这就是学习的过程。

最后，我专门整理了各种关于身心减压方面的注意事项和指南。

那么，如何才能有效使用这本书呢？

关键在于要立足自身、实事求是，准确地说，适合自己的方法才是最好的方法！

你可以将它当成一本书来阅读，或者，将它当成一本日记来用，日复一日、持之以恒地做好记录。当然，你也可以根据需要在特定的日子里使用它，不必每天都用，因为填写日期的权利只属于你自己！

当然，就像所有其他的训练一样，做到持之以恒仍然是非常重要的，因为这将大大提升本书的效用。

可是，千万不要勉强自己，否则，它反而会成为新的压力来源。开卷之后，顺其自然即可。我要给予的忠告是，请对自己好一点儿吧，有些事今天学不会，等明天再试试，说不定就会成功。

书中有一些训练需要独自进行，也有一些可以由两人——与伴侣或高敏感朋友——一起完成。此外，还有一些非常适合与你的孩子一起玩的游戏。

选择合适的训练时机

每天，你能否拿出不多于20分钟，至多半小时的时间来进行这些训练呢？

假如你的回答是“哎……有困难”，那就意味着你还没有下定决心去改善自己、照料自己和应对自己的敏感度。现在你需要做的是给自己一些时间，做好准备，立即开始训练吧。

我们都在为生活而紧张忙碌，如果我们只是一味地等待着空闲时间的来临，那么，时间终将离我们远去。我们要创造时间来照料我们自己，然后，我们还应该保证这些时间不被其他事务所挤占。

这些训练既可以在你处于关键期（危险区或崩溃区）时进行，以使你尽快恢复到舒适状态且提高你的耐受力；也可以在你处于所谓的正常期（舒适区）时进行，以有助于你维持良好的日常心理卫生状况，正如我在《敏感者的天赋》一书中所阐述的那样。

如果你觉得没问题的话，有些训练甚至可以每天都进行，因为，这样可以发挥出它们的最佳效用。

有些训练你可以每周进行一次或若干次。

有些训练则可以每月进行一次。

显而易见的是，假如你能多做训练，那将对你自身产生更多好处。你可以发挥创造性，多体验那些令你难忘的、你喜欢的、让你觉得很自然的训练。同时，也请你好好利用“减压日记”版块，做好相应记录。

那么，一天这么长，在什么时候开展训练呢？

只要你可以，任何时候都没问题。

进行减压训练的理想场所应该是一个安全、宁静、具有家庭氛围的地方，例如在家中。当然，如果你有足够长的午间休息时间和做训练的空间，那么，办公场所也是可选之地。

最佳的训练时间是傍晚，这个时间犹如为忙碌的一天画上句号，也是梳理情绪的难得时机。唯一需要注意的是，不要在晚餐之后或睡觉之前进行训练。因为在那些时间点，疲劳的感觉可能更为强烈，甚至让你昏昏欲睡。睡眠固然很好，但我们寻求的是另一种减压的形式，它能使我们睡得更深，更好地恢复精力。最合适的时间点是在晚餐之前的18时至20时[①]。这些训练将会给你的身体和大脑带来意想不到的效果，让你感到活力无限、元气爆棚，而不会想着瘫坐在电视机前的沙发上。

---

① 译者注：意大利人晚餐时间相对较晚。

俗话说，一日之计在于晨，所以，清晨也是进行训练的有益时光。

你可以比别人早起半小时，那时，其他人都还在熟睡之中，家中依然一片寂静。在这个时候进行减压训练就好像服用超级维生素，它的益处将在一天中持续释放，让你感到头脑清醒、身体舒适、精力充沛、神采飞扬。

这里唯一需要你克服的阻力是不想起床的惰性。请记住，假如你能够克服自身的懒惰，那么你将会受益无穷。

发生改变所需的时间

我们需要用多长时间才能改变自己的习惯或习得一种新的行为，并且将它真正内化？

我们到底需要用多长时间才能学会享受高敏感人格带来的美好生活呢？多年来，“21 天效应理论”一直炙手可热。可它是否真的有科学依据呢？实际上，该理论来源于整形外科医生麦克斯威尔·马尔茨（*Maxwell Maltz*）的亲身经历。1950年，他察觉到，他的病人之中存在着一种反复出现的规律：举例而言，病人在接受一次面部手术之后，大约都需要21天时间来适应自己的新面孔。同理，当一位肢体残疾的病人装上假肢之后，大约也需要21天的时间来习惯自身新的运动模式。

这些亲身经历促使马尔茨于1960年出版了自己的畅销代表作《心理控制术》（*The New Psycho-Cybernetics*），其中包含了他的许多研究成果。他在书中这样写道：

这样那样的被人们观察到的现象说明了，要改变一个人大脑中业已存在的固有印象并建立一种新的习惯，通常需要至少21天的时间。

然而多年来，上述言论在很多情况下成了个人成长与自我救赎的灵丹妙药。时移世异，人们已经忘记了马尔茨当初的原话："至少21天。"经过人们的口传心授，那些话语已经成了另外一番样子："养成新的习惯需要21天。"可马尔茨从未说过这些。

那么，发生改变到底需要多少时间呢？

2010年，《欧洲社会心理学》杂志（*European Journal of Social Psychology*）发表了一项旨在探究在现实生活中，而非实验室条件下，养成一种习惯所需要的时间的科研项目。该项目是在费莉帕·勒理（Phillippa Lally）博士的领导下开展的，共计有96名志愿者参与。志愿者们可以自由选择一种行为（例如，节食、改变生活方式、戒烟、进行体育运动）作为自己的习惯来培养，他们每天在相同的场景里，持续数月地重复着这种行为。

尽管每位志愿者的情况各不相同，每种有待培养的习惯也差异明显，但是，研究的结果是非常有趣的：

对大多数参与者而言，将一种行为转化为自身无意识的行为所需要的时间从18天到254天（相当于36周或9个月）不等；

养成一种新的行为习惯的平均时长是66天，相当于10周；

1天不训练不会使习惯的养成半途而废，但是，1周时间不训练却可能导致前功尽弃；

研究确认，经常重复一种行为有利于掌握这种行为，并能将其转化为自身无意识的行为。

太神奇了！

这就是本书的基本依据。也正基于此，为了使读者们每天能够用足必要的时间，做好详尽的记录，我在本书的后半部分设置了“减压日记”的版块。通过记录“减压日记”，能够让你树立起一种对待自己的新的态度。

请你记住：

· 平均而言，发生改变需要10周时间（2个多月）；

· 至多需要9个月；

· 1天不训练不会产生什么影响；

· 可1周不训练就会产生影响：你需要从头再来。

刚开始的时候，你可能会觉得有些辛苦，因为在这个过程中，你的大脑正在学习；你可以将它视作一种游戏，充满信心地去面对它。逐渐你将会获益，这些早期收获的益处也将会反过来鼓励你继续向前走。

你可能已经明白了这些研究的科学性以及研究结果的真实性！但是，那还不够，你自己必须为之付出努力。请记住，即便中途遇阻，也没有关系，你可以从头开始，因为希望永远存在！祝你一切顺利，玩得开心！

高敏感族宣言

我很敏感，也很能干。

我反躬自省，也求之于外。

我热爱独处，也开朗豪爽。

我很脆弱，也很坚强。

我为人谦逊，也很张扬。

我很保守，有时也很冲动。

我很细心，也有决心。

我很容易受伤、崩溃。我内心强大，每次都能重新振作。

我眼中的生活充满了浪漫色彩，现实的冲击总是让我觉得难受。

我对不公不义深恶痛绝，当我发现自己的、亲人的或人类的权利受到损害时，我将变为一头敢于斗争的狮子。

当我情绪强烈的时候，我会感到身体不适；当与他人分享成功的喜悦时，我会激动不已、感同身受；当我身处他人的悲惨遭遇时，我也会痛哭流涕、泣不成声。

我能感知一切，并且从不停歇。

我很在意言语的意义，因为言语就像植入大脑的种子，它会结出丰硕的果实或纠缠的毒草，前者犹如好的思想，后者就像坏的思想。

所有这些方面有时会让我的生活和我的人际关系变得越来越复杂，但同时也会让它们变得无与伦比的丰富多彩。我们需要了解它，那些选择与我们交往的人们也需要了解它。

——尼克莱塔·特拉瓦伊尼

《敏感者的天赋》

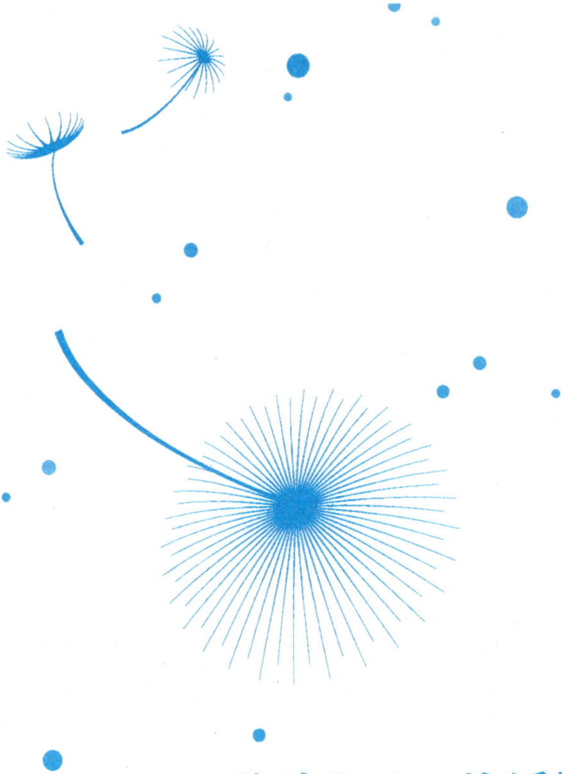

Part 1

善待自己，从缓解压力开始

减压是解决一切问题的总钥匙

“减压”这个词语有许多不同的含义：

在物理学上，它意味着压力的减少，是压缩的反义词；

在医学上，它意味着治疗肌体压迫、恢复生理平衡的过程（如对心脏、肠道、大脑等的减压）；

在潜水领域，它意味着从深水上浮到水面压力减少的过程，涉及减压停留、减压室或减压表等专业术语；

在计算机科学中，它是与数据压缩相反的操作，为了使数据可读,需要对目标文件进行解压缩,这一过程将会涉及数据的打开、显示和释放;

在心理学上，它意味着人在承受一段时间的压力之后，进行放松的过程。

说到这里，了解“加压”的具体含义也是十分有用的。

在物理学中，加压意味着对某个物体施加压力的过程。它在消耗能量的同时，也可能引起受压物体能量水平的改变。

在力学中，压力与牵引力、弯曲力一同构成了基本的机械应力。压力是在汇聚力系统影响下的物体所受到的应力。

别害怕，这就是我们身边每天都在发生的事情!

对我们高度敏感族来说，这个世界消耗了我们过多的精力，也就是说，我们在进行各项活动时，会感到必须投入所有精力来应对所有必须应对的情况。

如果我们不学会适时开展有益健康的减压活动，作为高度敏感人群，我们的身心系统将会过度承压，并且在这些压力的作用下被迫妥协、屈服，以致我们内心的压力不会减少，反而会增加，甚至有可能发展到让人崩溃的地步。

现在你知道，减压对你有多重要了吧？

从脚踩钢丝到身心平衡

请注意，作为高敏感者，我们大脑的工作方式与一般人是有区别的。

· 作为高敏感人群，我们的大脑拥有如下特点——美国知名心理学研究者伊莱恩·阿伦教授提出的“感官处理敏感度”（sensory processing sensitivity），即某些特定大脑区域（右屏状核、左枕颞区、颞叶皮层、顶叶的内侧和后侧区）以及大脑右半球处于高度唤起状态。

·高敏感者的大脑更自然地倾向于以其特定的神经生理学模式，快速而深入地处理信息，并且只要受到一定数量和强度的刺激，它就会做出反应。

·由于高敏感人群感知和处理外界刺激的方式是复杂而多层次的，因此，相对于普通人而言，我们所做出的反应也更为强烈。

·我们经受着超负荷的感官刺激（声音、光线、气味、味道、身体感觉）。

·在混乱或充满刺激的环境中，我们会感到压抑和失控。

·我们擅长多层次地、更深入地处理信息，并且高度关注细节。

·我们擅长发散性思维，不遵循一般的逻辑路径，不断迸发出新思想和新观念。

·我们更多地使用右脑（负责想象力、身体协调、情感、创造力等），以至一些专家认为右脑与高敏感度具有相关性。

·我们的想象力非常丰富，同时，睡眠中常伴有梦境，并且经常能记住这些梦境。

·我们非常细心，对不同事件的意义和因果联系有深刻的认识。

·我们具有强烈的责任感。

·大脑中杏仁核的功能水平高于平均水平，这是高敏感感官处理的结果。由此可见，高敏感人群的大脑杏仁核的功能水平势必会一直处于唤起状态。即使我们各方面身体状况良好，那些对普通人来说几乎无法察觉或可以控制的任何额外刺激，对我们来说，也可能成为压垮骆驼的最后一根稻草，导致我们陷入压抑。

如果你还是灰心丧气、妄自菲薄，那么你将继续在这个变化迅速、耗神费力的世界上小心翼翼地活着，如同走钢丝，最终你只能对那些令人沮丧的结果或由此引发的不适发发牢骚。

本书可以帮助你摆脱随时可能出现的不适感。你在生活中可能默默无闻，可能惨淡经营，可能四处奔波，可能忧心忡忡，可能提心吊胆，你也许清楚，但也可能经常忘记，你表现出的高度脆弱的平衡状态，正是出于对自己的关心和爱护。

你从来不会抱怨自己每天都要刷牙、吃饭，对吗？

那么，为什么还要抱怨自己的敏感，为什么不正视它呢？实际上，它就是一项你追求健康和幸福生活的本能。

¤ 给灵魂留一点儿休息时间

我们能否达到平衡状态取决于能否在两个极端之间找到适合自己的中间地带：

· 过度的环境刺激引起神经系统过度唤起，缺乏足够刺激导致神经系统唤起不足；

· 过多的事务、活动、刺激、空虚、崩溃、孤独、抑郁；

· 愉快、积极、精力充沛，无聊、消极、精疲力竭。

对我们而言，特立独行的行事风格有时可能会让我们感觉良好，但实际上，我们也应学会试着少做一些或者干脆不做。

两个极端都是复杂的综合体，其中一端将人置于重担和压力之下，给人以紧绷、收缩、紧迫、僵硬、冰冷的感觉；另一端与之相对，给人以扩张、松弛、软化、伸展、温热、轻松的感觉。对我们来说，减压意味着使自己变得平静、轻松和自在，我们卸下了重担但精力充盈，释放自己但心满意足，放松了精神但活力四射。

接下来的训练，将每天鞭策你提醒自己，为自己留出空闲的时间来进行释放，为你敏感的内心世界提供充足的养分。

假如你拥有高敏感人格，同时也是一位高感官刺激的追求者，那么，本书将会帮助你在这两种不同力量之间找到平衡点。虽然，这两股力量都源于你自身，但是，如果你不对其加以控制，它们将有可能把你拉向两个截然相反的方向，并对你造成伤害。

¤ 帮大脑减减压

在资讯烦冗的现代社会，对所有人，特别是对我们高敏感型的人而言，给大脑减压是最为重要的。

这意味着：

一、使大脑平静；

二、控制注意力。

大脑是一个会持续不断地释放脑电波的器官。事实上，我们的大脑正在不分昼夜地释放着五种类型的脑电波。根据我们的不同行为，大脑的某个部位所释放的脑电波相对于其他部位释放的脑电波活跃度更高、强度更大，但是，任何一种脑电波都不会“停息”。每种类型的脑电波都有其最佳波形区间并保持着一定的连贯性。这就像一支乐队，其弹奏的旋律是否和谐取决于诸多因素。即便在这种情况下，我们的训练仍然可以进行。

因此，彻底“关掉大脑”的想法不仅极其错误，而且荒谬绝伦。

为了达到促进身心健康的目标，我们应该好好使用自己的大脑，让我们的行为与我们的大脑保持一致，让我们的大脑与它的功能保持协同。

· 德尔塔波（δ 波）是深度睡眠、无梦状态下的脑电波。适当水平的德尔塔波有利于植物神经系统和免疫系统的工作，有助于人的休息。

· 西塔波（θ 波）主要与人的想象、思考活动相关，当人们体验深度情绪时，这种类型的脑电波将被高度激活。

· 阿尔法波（α 波）常在午后出现。那时候，人的大脑趋于平静但不困倦，情绪十分放松，这是一种适宜冥想的状态。

· 贝塔波（β 波）是神经细胞高度活跃时的主要脑电波。在日常生活中，当我们全神贯注、对各种刺激高度警觉时，大脑将会大量释放这种类型的脑电波。这种过度活跃的状态可能会引发某种程度的焦虑或紧张状态。

· 伽马波（γ 波）源于丘脑，它以极快的速度从大脑的后部向前部移动。这种类型的脑电波不但与诸如学习等高级意识活动相关，而且，当人处于异相睡眠阶段时或处在幸福、高兴的状态下，这种类型的脑电波将会出现峰值。

我们的大脑还有另外一项非常重要的能力，即产生和调节神经递质。例如，在进行某些训练时，我们的大脑将会自然地释放某些有益的神经递质。博塔乔利（Bottaccioli）认为，下列神经递质有助于消除人的紧张状态，有利于大脑发挥意识功能，能维持人体一般的身心舒适状态：

· 当人们进行冥想时，会大量释放内啡肽、褪黑素和血清素等神经递质。

· 在冥想过程中，多巴胺、肾上腺素和去甲肾上腺素等神经递质的水平将得到调节和纠正。

· 当人们开展想象活动、表象训练以及进行按摩时，会大量释放催产素，并达到峰值。它是一种与皮质醇相对抗的神经递质，可以有效缓解长期紧张状态，支持免疫系统工作。

¤ 帮身体减减压

由于具备高度敏感、过度反应的特点，高敏感型的人往往能够很快地感受到来自生理和心理层面的压迫感。因此，也更容易陷入崩溃，需要更长的时间重新回到舒适状态。高敏感型的人的免疫系统也十分敏感，情绪障碍常常会令他们的肌体产生器质性病变。

我在《敏感者的天赋》一书中提到，一些高敏感型的人被自己的肌体感觉所困扰，他们持续地处于一种警觉状态，总是觉得有什么地方不对劲，有时甚至会小题大做。

而另一些高敏感型的人，则为了逃避高敏感引发的压迫感，采取了特殊方法来麻痹自己的感觉。

在任何情况下，高敏感型的人的身体总是处于持续不断的压力之下。

紧张感和疲劳感总是伴随着他们，并且他们时刻处于崩溃的临界点，因此，任何一件事都可能成为压垮高敏感型的人的“最后一根稻草”，导致他们进入崩溃区。

给身体减压有许多不同的目标，包括：

- 采取预防性措施避免陷入崩溃；
- 消除过度紧张；
- 妥善应对日常生活中的过度刺激；
- 重拾对自己的信心；
- 教自己为自身肌体感觉解码；
- 提升对自己内心状态的认识；
- 将自己的敏感度转变为一种强大而有效的工具。

做运动是给身体减压的好办法，可以选择瑜伽、跑步、游泳、普拉提、篮球、足球、登山等所有你喜爱的运动类型。

重要的是，你所选择的运动要适合并且有利于改善你的高敏感的身体和大脑。

在此，我将为你提供一些指导意见：

· 请你控制好运动的速率，使之始终处于一种相对柔和的状态。

· 请你保持相对稳定的运动频率，不要给自己太重的负担。

· 请你不要争强好胜。

· 你可以独自一人或同几个性格相投的朋友一起做运动。

· 为了避免消耗过多体力而影响其他事务，请你不要进行高强度的运动。

· 运动会促使我们的身体释放血清素，在它的作用下，你可能会感到疲倦困顿或反应迟缓。如有必要，你可以在运动后休息半小时，否则，你可能会感到压力，以致没有气力继续开展其他事务。

· 与动物一起做运动会得到事半功倍的效果：你可以选择骑马，也可以带着自己的狗一起跑步。

· 如有可能，你应该选择在大自然中做运动。

· 在任何时候，你都应该避免在过度刺激的环境中做运动：如果你去的健身房是一个人满为患、充斥着电视屏幕、背景音乐过于吵闹的地方，那么，那里很可能会让你感到厌烦。在运动时，你应该集中自己的注意力，不妨试试戴上耳机听点音乐或者使用耳塞。

· 如有可能，最好在清晨或下午做运动；为避免运动后释放的激素或神经递质打乱生物钟，最好不要选择晚上做运动。

· 不要让运动成为一种负担，不要因为做运动而放弃自己休息的时间，因为那不是一个好主意！

· 游泳是一种非常理想的运动，因为水会给你一种被包容、被呵护的感觉。

· 如果你是一位追求高感官刺激的高敏感族，你对强烈刺激有着某种需求，那么，迫使自己做更多运动、更努力地达成目标，可以令你感受到自己的强大与力量，对你而言，这或许是有益的。我依然记得，曾经有一位病人在疗程结束1年之后，给我寄来了一些她参加铁人三项比赛的获胜照片！

·如果你是一个讨厌运动的人，那么，请你无论如何每天都要抽出30分钟时间去快走，可以带着你的宠物，或者叫上你的朋友、伴侣，或者独自一人听着自己最喜欢的音乐。科学研究表明，快走是一剂维持身体健康的“万灵药”，十分有利于敏感者的身心健康。

给心灵减减压

有时，当我们感到不被别人接纳，当我们对别人抱有同理心而别人却不能对我们共情，当我们感到孤独或者压抑……我们会真切地感受到有块石头压在身上。

给心灵减压意味着，通过开展一些让你感到轻松的活动，以减轻你内心的负重感，同时，使你重新回到自己真实的、敏感的、富于创造力的、精神层面的本性。我们可以进行的活动包括：

- 进行冥想
- 保持安静状态
- 回归自然
- 与动物为伴
- 养养植物
- 睡个懒觉
- 祈祷
- 独处
- 欣赏音乐

- 绘画
- 大哭一场
- 喊叫发泄
- 捶枕头或打沙包
- 跳舞
- 唱歌
- 进行能够发挥创造力的活动
- 旅行
- 拥抱
- 和伴侣做爱
- 做义工

· 制作甜点

· 绘制曼陀罗图腾

· 与高敏感型的朋友相处（甚至可以保持安静，什么事都不用做）

· 参与灵性成长课程

……

¤ 给人际关系减减压

你需要重新梳理自己，让自己从高度紧张、令人疲惫的工作环境中，从纷繁复杂、疲于应付的人际关系中抽身出来，回归正常而有规律的生活。你需要让自己从众多的角色（工作者、父亲、母亲、丈夫、妻子、男朋友、女朋友、闺密、挚友、孝顺的儿子、殷勤的女儿、兄弟、姐妹、成功的男性、独立的女性……）之中抽身而出，稍作休整。在现实生活中，我们需要扮演的角色已经够多的了！请你停下来，让自己休整一下吧。

压力不仅来源于现实生活，还可能来源于虚拟世界（互联网、社交软件）。今天，对一个人来说，给人际关系减压是极为重要的，这应该引起我们的高度重视。

但是，这并不意味着我要你将自己隔绝于社会之外。正确的做法是“有选择地交际”：你需要谨慎地选择交往的对象以及开始交往的时机和持续的时间。

对一个高敏感型的人而言，当你做决定的时候，你总是为别人考虑！因为你很有同理心，总是助人为乐、善于倾听。但是，够了！从今往后，请你为自己考虑！这很正常，所有人都是这样做的，没有人会因为为自己着想而感到自责或认为自己自私。

只要你这样做了，你眼前的景象将会发生神奇的改变：围在你身边转的人不像过去那么多了。你不必担心，那些与你性情相投的人，那些即便与你性情迥异但懂得尊重你的人，依然会留在你的身边。由于你懂得了应该与何人交往、不该与何人接触，你的社会生活质量将会显著改善，你因为不良人际关系而受到伤害的几率也将大幅降低。

我相信你不会愿意将手伸进满是蜜蜂的蜂房，对吗？那么，为什么你要逼迫自己加入某些特定（现实生活中的或虚拟世界中的）群体，做自己不喜欢的事呢？要知道，它们都可能让你面临相同的危险和疼痛。

在附录中，你可以找到一张能够为自己减压的活动列表。这些活动有的来源于一些高敏感型的人的亲身经历，有的来源于我在心理治疗工作室的研究成果和工作实践，有的是基于我自己的切身体验。当然，即便我有心进行全面的列举，也依然无法避免出现挂一漏万的情况。

构建高敏感舒适度

我在《敏感者的天赋》一书中提出了“高敏感型的人的发展和成长模型”（*Modello di Sviluppo e Crescita per Altamente Sensibili*©）。我之所以提出这一理论模型，正是基于自己十几年来对高敏感型的人这一课题的研究实践，以及自己的亲身体验。

尽管我们厌烦身心不适的状态，但如果我们不着手了解引起这种状态的原因，那我们身上原有的高敏感运作模式将一如既往地存在下去：

高敏感型的人发展和成长模型

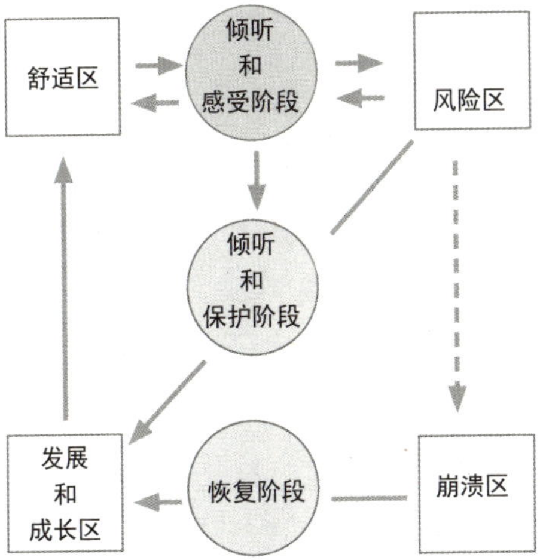

· 它们就像是剧本，让我们仿佛陷入了一个怪圈，总是以相同的模式不断重复上演同一出戏码；

· 它们表现在生活的方方面面，例如，在工作方面，在夫妻关系或对待朋友方面，在子女教育方面，在开展体育运动等休闲活动方面，在处理日常工作方面；

· 它们甚至可能自发地运作，即在我们毫无察觉的情况下发生；

· 它们会使我们感到不适，最终导致我们身体机能失调或内心受挫；

· 每次当我们认识到自己的做法似有不妥时，都为时已晚；

· 如果我们不加以改变，下一次，同样的情况还会上演。

我希望这本书能够成为一张实用的地图，通过我们每天的阅读和训练，它能带领我们构建属于我们自己的高敏感舒适区。鉴于此，我想快速地介绍一下高敏感型的人的发展和成长模型，我相信这是非常有益的。

¤ 高敏感舒适区

高敏感舒适区是指一种内心富于满足感，注意力集中，做事专心致志，思维富于创造性，心情积极开朗，大脑得到恰当的刺激但不过度反应，心绪平静而不感到厌烦，既不与人争强好胜又不感到孤独的持续的状态。

这正是我们所追求的、每天都应保持的最佳状态。这不是科学的幻想，这种状态完全可以通过我们自身的努力来达到。我们只需要从善待自己、勤加训练做起。

当然，我们每天要处理很多事情，需要应付各种问题，又必须要创造出实际成果，还要维护人际关系。在此期间，还会发生各种意想不到的事情和各种紧急状况、突发事件、棘手难题等。同时，我们还要面临时效性、紧急程度、最后期限等时间压力。有时我们努力追求完美，却往往落后于人并且束手无策；有时我们十分在意他人的看法，总能察觉到别人不经意间流露出的失望；有时，我们会未雨绸缪、居安思危。所有这些客观和主观层面的因素都需要我们善加处理，否则，极易造成我们的身心失衡。

¤ 高敏感危险区

如前文所述，相对于大部分人而言，高度敏感者的大脑的运行方式是很独特的。它持续不断地在同一时间内处理着许许多多来自肌体内部和外部的刺激，其中负责共情和细节分析的区域总处于高度活跃状态。如果它一直在高速不间断地工作，那么，我们的精力很快就会消耗殆尽。因此，我们的肌体天然地具有类似“开关”的功能：要么点亮，要么熄灭；要么开启，要么终止。

如果我们不能很好地熟悉自己的敏感度，不对其进行有效的管理，那么，我们的身体和大脑将在大部分时间里处于开启状态。如此一来，我们便进入了所谓的“危险区”。这是非常危险的，因为我们正处于一种“燃烧殆尽”的状态。然而，在这一状态下，我们仍然有办法挽救自己。

当出现以下情形时，就表明我们已经进入了危险区：

我们的大脑发出的指令要求超出了我们自身的能力范围；

伴侣的某些行为对我们造成了伤害；

我们参加了一场本不该参加的晚会，感觉极度不适；

我们应允了一个绝非我们所愿的提议，内心抗拒却不敢反对；

晚上回家途中，我们坐上了一辆人声鼎沸、惹人厌烦的车；

身体感官感受引起我们极度的不适；

子女的一个简单的要求引起了我们的无名之火。

……

此时，我们需要做的就是按下“终止”开关，给自己一个安静的空间，让自己静一静。在这一关键时刻开展减压训练，将会发挥十分有益的治疗作用。

崩溃区模式①：遭遇外界过度刺激

如果我们未能察觉身体发出的“终止”信号，如果我们没能及时阻止自己做无法忍受的事，如果我们没能听从内心的声音向对方说“不”，那么，我们即将进入崩溃区。

比如：一不小心就错过了火车；临下班前，同事来请求我们帮忙；交通略微有些拥堵；购物袋漏了，买的东西落了一地；晚饭在锅里烧糊了；跟伴侣产生了一些小误解；孩子调皮捣蛋；一通没完没了的电话……

这些看似简单的小事都可能成为我们情绪的引爆点，使我们流泪、生气、自卑。

当我们进入崩溃区这一阶段，我们可能会有一些令人不愉快的感觉：可能会有魂不守舍的感觉、飘在空中的感觉、起伏波动的感觉、头戴重盔的感觉、溺于水下的感觉，甚至会有一种与世界格格不入、类似精神错乱的感觉。这些现象虽然与精神分裂障碍、现实解体障碍、人格解体障碍等精神疾病的症状相似，但这绝不意味着我们就得了这些疾病。实际上，上述现象只是高敏感型的人在越过自己的心理极限之后，所表现出的某些心理防御和逃避机制罢了。

此时此刻，我们唯一需要做的就是“熄灭”自己。我们可以把自己关到一间安静的房间里，避免任何人的打扰；或者干脆让自己哭出来，最好能痛哭一场；又或者可以找个对象（物品或人）尽情发泄、倾诉，以耗尽我们仅存的一丝气力。

每个人处在崩溃区的持续时间不尽相同：短则几小时，长则若干天。一个人进入崩溃区的频率越高，他重新回到舒适区的难度也将越大。

但这并不是不可挽回的，只要按照我们上述方法尽情发泄出来，你一定能找回你的舒适区。

¤ 崩溃区模式②：严重缺乏外界刺激

当你感到不顺时，可能会做出如下行为：推掉一切非必要的社会活动；逃避所有你认为危险的情况；将自己的生活框定在家庭与工作的最小范围内。然而，我想告诉你，这些行为实际上非但无助于维持你的舒适度，反而会直接让你跳过危险区，进入崩溃区。这种风险是真实存在的。

或许你觉得拒绝他人太难，因而总是选择顺从你的伴侣，应允那些求索无度的同事；又或者你为了讨好亲朋好友而为他们办事。可事实上，对你而言，这没有任何好处。为了不让别人找到你，你可能会不接电话，但那并不能解决任何问题。

上述这些都属于逃避行为。你可能会觉得自己身不由己，就像一只笼中鸟。你也可能会有一种持续的惴惴不安的感觉，就好像有什么祸事马上要从天而降，时刻准备着逃离。

作为高敏感型的人，显然我们所受的外部刺激不应过强，但也不能过弱，因为缺乏足够刺激将导致神经系统唤起不足。如果刺激不足，结果会是怎么样的呢？前面谈到过，高敏感型的人受到超负荷的刺激会进入崩溃区，然而，实际上，反之亦然。缺乏足够的刺激会使我们产生厌烦、孤独、悲伤、压抑、抑郁等情绪，最终也会导致我们进入崩溃区。

打造黄金三原则

为了能够持续地留在舒适区内，我们需要认真学习并切实贯彻以下三条原则：

一、及时打破应激状态。

二、认识自己的内心世界。

三、感知你的容忍极限，做到未雨绸缪。

通过学习和应用上述简单而重要的原则，我们便可以改变那些反复出现的“灾难性”行为，从而带领自己向着健康、舒适的生活前进。

¤ 及时打破应激状态

高敏感型人格最显著的特点之一就是“受到外界刺激后，反应过大”。根据我的实际经验来看，这一表述是十分贴切的。在生物学上，它被称为应激状态，即某个生物所受到的外界刺激在特定阈值范围内，该生物会表现出“充满活力”的状态；一旦刺激值超过了特定范围，即表现为应激状态。

应激状态往往表现为一时冲动，在这种状态下，我们的行为往往是无意识的，也就是说，我们并不是主动地行动，而是被动地反应。对高敏感型的人而言，打破应激状态，抑制过度反应，学会容忍刺激性的时空环境是非常重要的。

后面的内容将帮助你学会缓解自己的高度应激状态。

¤ 认识你的内心世界

提升专注力和加强自我认知是帮助你摆脱疲惫感和挫败感的两把金钥匙。

要想改变一件事，并不意味着非得毁掉它不可。一种模式能够存在，即表明了它的合理性。我们既然有意创造了某个模式，就是为了用它来处理各种事务。强力控制或彻底毁掉这种模式都会适得其反，因为随着时间的推移，这种模式已经根深蒂固，更何况，我们没有更好的替代方案。改变我们肌体的自发性模式也是一样。截至目前，它是我们在面对困难状况和紧张状态时唯一的防御手段。

因此，当你在使用本书开展训练的时候，请提醒自己：当你身处困境时，一定要善待自己。对待别人你会毫不犹豫地展现殷勤，对待自己你更该那样！

¤ 感知你的容忍极限，做到未雨绸缪

将减压作为一种有规律的生活习惯，最终能够提高我们预知何时将触及自己容忍极限的能力，因此，在进入崩溃区前，我们可以预先告知自己。

我们需要学会感知自己是否被高度激发或过度抑制。我们需要关注自我，了解自己的需求，认识到哪些需求能够改善我们的状况，这是必不可少的。做到这些就能延长从危险区过渡到崩溃区的时间。于是，我们便有更充足的时间，采取更加合适的策略，来解决问题或进行补救。

作为高敏感型的人，我们善于洞察细节，具有强烈的同理心，能够先知先觉，我们应当将这些能力用于我们自身，这就是“善待自己”。这绝不是自私的体现。所以，请收起你的负罪感，现在就开始行动吧！

如何安度减压缓冲期?

如果我们能够遵照上述三条原则开展训练，我们将能逐渐提升自己对内部和外部刺激的驾驭能力，从而更快速、更有效地恢复健康舒适的状态。

因此，正如我在《敏感者的天赋》一书中关于实践的部分提到的那样，我们应当在全面掌握外部环境情况和正确评估自身实际状况的基础上做出选择。为了达到这个目的，我们要学会划分若干个“循序渐进的缓冲期”，这对高敏感者重新构建身体平衡状态是极为重要的。

·**倾听和体验期**。在这一阶段，你感觉良好，精神专注。为了更多地了解自己，你可能会尝试一些新鲜事物。生活就像一条大河，它毫不停歇地向前奔流着。每天，我们所经历的或许是习以为常的生活惯例，或许是前所未闻的轶闻趣事，或许是意想不到的突发事件。尽管如此，你仍需保持与自己内心的对话，留出固定时间为自己减压。在这一阶段，你可以每天进行一次减压训练，当然，如果达不到这样的频率，那么，一周几次也没有问题。与此同时，你还要重点关注自己的“应激反应度量表”（见“Part3 减压日记”）。

·**倾听与保护期**。在这一阶段，你意识到自己已经接近于忍耐极限，但还未进入崩溃区。你承担了太多的工作，做出了太多的承诺，肩负了过多的责任，你总是将自己卷入与你毫不相干，甚至违背自己意愿的事情。然而，你又难以将自己从这种处境中解脱出来。对此，你如果适时地做一些减压训练，并且逐步增加强度，或许能收到很好的效果。为了使你的身心重回平衡状态，你确实需要每天花一些时间在自己身上。

·**恢复期**。尽管你付出了努力，但还是进入了这一阶段：重新打开了崩溃区的黑暗之门。在这一阶段，你被精疲力竭、失落受挫、绝望透顶、备感压迫等不良感觉困扰着，你认为自己被击垮了。但是，这里同样也是成功的起点。请你放下包袱，鼓起勇气，撸起袖子，开启你的恢复期！“恢复”一词的含义十分丰富，因人和环境的不同而有所差异。本书所记录的各种训练正好为你提供了一项“内心世界的排毒计划”，它会帮助你快速回归平静状态，并且让你重新认识自己。在这一阶段，你需要每天做训练，甚至一天重复若干次，同时，每周或每月你还应该做一些附加的强化训练。通过开展减压训练，你能从纷繁复杂的各类事务中得以解脱，在某种意义上，这是一种“战略性撤退”。

· **发展与成长期**。如果在前几个阶段你都进展顺利，那么，你将进入一个新的阶段。在这个阶段，你作为高敏感者的一些天赋将逐步得到发展，这个阶段就是发展与成长期。在此，你将学会如何适应生活中的逆境，即提升耐受力。换言之，你将学会如何运用新的策略以使自己变强，最终达到战胜困难的目的。你将更加充分地了解自身能力的极限并逐步尝试向外拓展它的边界。作为高敏感型的人，你倾向于进行深入的思考，对各种事物进行细致分析，对自己进行深刻反省，正是这些特点为你提升自己的耐受力提供了巨大的助力。因此，你在个人成长和重建自尊、自信的过程中，往往能事半功倍，快速地收获更多成果。如果你坚持进行减压训练并且有意识地倾听自我，那么，在这一新的阶段中，你将有机会为自己培养和巩固新的能力。

Part 2

实践篇：29 个减压秘籍

图标说明

每天 1 次

每周数次

至少每周 1 次

每月 1 次

使用“减压日记”

适用于儿童

01 给未来的自己写封信

亲爱的 XX（你的名字）：

这么多年了，我一直觉得自己很奇怪，跟别人有些不一样，孤独和被排斥的感觉常常伴随着我。今天我终于明白自己是怎么了，从现在起，我立志要关心自己、善待自己，让自己充满幸福感。

为了使我梦想成真，我必须要认真地做好几件事情。

我决定停止抱怨，不再逆来顺受，从现在起，我要做生活的主人。

我一定要重视自己的高敏感度，并将它作为自己生活的中心。不论我做出什么样的选择，建立什么样的人际关系，对工作、对家庭秉持什么样的态度，都要密切围绕这一中心。

为了使自己拥有更加幸福的生活，我必须得做出一些改变。同时，我也会做出妥善安排，给自己和他人留出充足的时间来适应新的我。

不过，所有的改变都是有限度的，我不会变得面目全非。今后的我是旧我与新我相结合的我。

每天我都会让自己前进一小步，同时，我不会因为负面的事物或问题让自己徒增压力，我会用积极的眼光来看待自己和生活。

有些事情改变起来比较复杂，需要时间。在改变的过程中，往往会出现这样的情况：困扰我多年的老问题还未被彻底解决，但新的麻烦又接踵而至。改变就是这样一个不断向前发展的进程。

当事情未能如我所愿的时候，我不会因此而自怨自艾，因为生活对所有人都是公平的，没有十全十美。

我不会再如此易怒，而会注重控制自己的应激性。

我要与自己的过去作别，摒弃那些令人难受的无意识的习惯，我不会再认为自己是一个走霉运或与幸福无缘的人。在处理每一件事的时候，我不会再拿自己的高敏感度做挡箭牌，因为即便是那些并非高敏感的人也有需被呵护的敏感之处。我不能将自己视作比他人更有需求的弱势群体，而应该学会照顾他人的敏感度。我必须停止透支自己的生活，从今天开始，我要选择自己想要的生活方式，去追寻自己的理想，去逐渐构建自己新的生活。

我希望别人尊重自己，就得先学会自己尊重自己。

我想要知道自己的容忍极限，让自己在崩溃之前冷静下来。

我会不带任何偏见地将自己的敏感度视作一种天赋，每天为它“浇水”“施肥”，就像照料一株美丽的植物一样细心呵护它。

我拿着这封信向自己保证。

假如我遇到了困难，假如我半途而废，那也无妨。我会谅解自己，并且以更坚定的意志从头开始。

（署名、日期）

*为了让你鞭策自己，能够更好地开展后续的训练，请亲手将这封信誊写在纸上并签上自己的姓名。

02 向幸福的人学习幸福

近年来，美国威斯康星大学的科学家们通过研究发现，“世上最快乐的人”是法国前遗传生物学家马修·李卡德。他放弃了自己原先的事业，来到位于雪域高原的喜马拉雅山区皈依佛门，致力于宣扬人道主义。威斯康星大学对李卡德的研究一共持续了12年之久。在此期间，每天，李卡德无论进行何种活动，他的头上都粘贴着256个与磁共振设备相连的传感器。研究结果表明，研究者们在他大脑负责正面情绪的区域中探测到了极高的活跃度，此前从未遇到过这种情形：参与这项试验的志愿者们的感受通常处于从痛苦（+0.3）到狂喜（–0.3）的范围之内，而李卡德

的得分几乎恒定在 -0.45 上下。

他的这种特点到底是与生俱来的，还是后天养成的？没有人能说得清楚。表观遗传学[②]告诉我们，我们的 DNA 会随着岁月更替而逐渐发生改变，并且，由于我们的习惯以及生活方式的不同，这种改变既可能往好的方向发展，也可能往坏的方向发展。李卡德著作等身，如果你有机会读一读他的书，便很快能从中找到一些值得效仿的习惯，也就是说，我们可以以其为榜样，将他的一些建议融入我们的生活之中：

1. 每天训练如何善待自己

2. 摒弃以自我为中心的想法，不要再轻易地生气

3. 每天用 15 分钟回想自己快乐的事

4. 摈除私心杂念，做个利他主义者

② 译者注：表观遗传学的概念基于遗传学而来，它指的是由非 DNA 变异而改变表型的“可遗传的”现象，包括 DNA 甲基化、组蛋白修饰、染色体重塑和非编码 RNA 调控等，主要通过对基因转录或翻译过程的调控，影响其功能和特性。

此外，根据大量相关研究成果，我们补充以下若干建议：

5. 不攀比

6. 直面问题，不要逃避

7. 停止抱怨

8. 终身学习，不间断地自我成长

9. 不要执着于靠身外之物来改善生活

10. 在进行各种活动、发展人际关系的时候，特别是在需要耗费精力的事上，一定要深思熟虑

李卡德曾说，相较于“快乐”一词，他更偏爱使用“舒适”。对此，我也深表赞同。时至今日，“快乐”已成了一个被滥用的、被理想化的、被高估的概念，我们经常将其与一些身外之物相关联。然而，“舒适”描述的是一种平和无恙、持续稳定的状态。当一个人处于舒适状态时，他不会轻易受情绪波动的影响，应对人和事都能泰然处之。这种状态好似海洋的深

处：在海面上，有时风高雨急、巨浪滔天，有时万里无云、水波不兴；但是在大海深处，无论何时都始终处于一种稳定、宁静的状态。

本书将在你开展后续训练之路上，为你提供更多的帮助和指引。

03 照顾好你心中那个敏感的孩子

我只要接受自己的真实存在，我就能够有所变化。我们只有彻底地接受自己的真实存在，才能够有所变化，才能够超越自己的现有存在样式。

——卡尔·罗杰斯（美国著名心理学家）

请你找一张自己小时候的相片，无须考虑相片中自己的年龄，只要你觉得合适就可以。再找一个漂亮的镜框把它装起来，挂到床边的墙上或摆在床头柜上，总之，放在卧室中的视线可及之处即可。

如果你不想这么做，希望只有自己能看到它，那么，请把它贴在下方空白处。你只需精心地选一张相片，不需对此做任何评价：无论相片中的你是微笑，还是悲伤，是一人独处，还是与别人的合影，都没有关系。重要的是，你必须清楚自己当时的状态，当你看着它时，会引起你的情绪变化。

这张相片充分展现了你那时的敏感度

这种属于孩提时代的敏感状态，在你成年之后，有可能会得到改善，也有可能会愈演愈烈，但不管结果怎样，它依旧存在，藏在你的内心深处。对此，你必须予以关注，加深认知。

即便当我们成年之后，敏感度依然总是显露出它柔软、细腻、脆弱的一面。因此，我们需要像照料一个孩子那样关心、重视自己的敏感度。

每天一早，你要看着那张相片，向自己心中的那个孩子问一声早安，并对他说：

· 你不孤单

· 我会陪着你

· 今天，你要让自己开心点儿

· 请你告诉我，哪一个才是对我俩都有利的选项你还需要发挥一些创造力：

在每晚临睡前，可以跟他进行一番思想交流。你可以对他表示感谢，抑或是向他提问："你感觉好吗？""你已经没事了吧？""你跟自己的敏感度相处得融洽吗？"这个孩子切实存在，并且他会对你的问题进行反馈。也许，他会在梦中回应你；或者，在接下来的日子里，他的答复会出现在你的潜意识里；又或者，他会通过某种内在的完满感、归属感来回答你的提问。

请你不必多虑，不要对自己下任何结论，切勿认为与自己的相片对话是一种荒唐的行为。已有研究表明，当我们在进行思考的时候，大脑皮层负责听觉的部分会处于活跃状态。这实际上证明了，思考问题就是与自己内心世界的对话。

如果你试着去接纳和拥抱自己心中的那个孩子，那么，你记忆中的许多伤痛将得以修复，同时，你也将学会如何关心自己。如此你才能够了解和满足自己内心深处的真正需求。多年以来，经过不断的试验，我发现就自我发展而言，这种方法是极为有效的。

04 用心养育一株植物

你可以在家里养一株植物。

不需要花很多钱去买那种高大华丽的盆栽，你可以去花鸟市场逛一逛。一株绿植也好，一盆花卉也罢，只要合你的心意，那就是最佳的选择。像是多肉植物，就是一种不错的选择。它们不会花费你太多的心思，只需略加照料即可。

然后，你还得选个漂亮的花盆。当然，花盆的颜色和样式都得与你选的植物相匹配才行。此外，你可以通过互联网获得养植物的有用信息。

你还需要为这株植物制作一个醒目的彩色名牌，在上面写上五个大字，即“我的敏感度”，再把它贴到花盆上。这株植物就象征着你的敏感人格。为了让你随时都可以瞧见，请把它放在家中显眼的位置，例如：卧室的床头柜上，厨房或者（如果光线充足的话）卫生间的镜子前。

植物恰恰就像人的敏感人格。你需要每天关注它，但不必每天都为它浇水施肥；你需要做的仅是不要忘了它，常去看看它。有时，它会给你一些具体的指示，例如：缺少阳光了，室温太低了，蔫儿了或者长势良好，你见机行事就可以了。

这就像是一场象征性的游戏。我们知道，孩子们在玩耍中逐渐成长，玩游戏能帮助他们的大脑得到更好的发育。成年人也是如此，我们在玩游戏的同时，会将游戏投射到自己身上，建立属于自己的身份认同。我们会将游戏的某种特点或游戏中的某个物件——在这里，就是那株植物——进行抽象表达，并且学会如何在现实生活中认识它、管理它。

相关研究结果表明，养育花草——无论是在室内，还是在花园，或者是在田间地头——对心理健康大有裨益：能够缓解和降低人的压力感，能平衡情绪。总而言之，它能使人减压！

你养的那株植物可能长势良好，也可能萎靡不振，它就像一台计算机，能真实而直观地反映出你是否对它进行了悉心照料，同时，它也反映了你对自我的关怀程度。

5-10分钟

05 减压呼吸法，元气满满一整天

当我们承受压力的时候，我们的腹部、胸部或者喉部会产生收缩，使我们不能顺畅地呼吸。

呼吸与情绪是紧密相关、互为影响的。

每一种情绪状态都与一种专门的呼吸模式相联系。当我们感到害怕、生气、悲伤、满足、平静的时候，我们的呼吸模式是不相同的。

呼吸的过程是不受意志支配的，它是自主进行的。然而，无论是根据那些古老的方术，还是参考现代科学研究成果，实践证明，通过有意识地调整我们的呼吸节律，不仅能使我们改变诸如心跳、血压等生理指标，还能调整精神和情绪状态。

呼吸的过程与神经系统密切相关，其关联机制非常复杂，简而言之，呼吸的过程受到交感神经、副交感神经和迷走神经③的共同支配。交感神经具有激发和供能的功能，副交感神经则具有休息和放松的功能。

如果我们学会控制自己的呼吸模式，并且每天能花几分钟坚持训练，那将有利于我们内脏器官的减压和自我调节，由此获得深度放松的效果。这种积极的效果还将有助于位于大脑底部、脑半球下方、属于植物神经系统组成部分的呼吸中枢作用的发挥。如果我们能够进行长期而有规律的呼吸训练，那将更好地促进交感和副交感神经系统的功能平衡，也就是说，我们既有能力让自己在必要的时候兴奋起来，同时，又能在须臾之间，让自己重回

---

③ 译者注：迷走神经在颈、胸、腹均发出多个分支，支配颈部、胸腔内器官及腹腔内大部分脏器，通过传导器官和脏器的感觉冲动及控制心肌、平滑肌和腺体活动来调节循环、呼吸、消化三个系统。

轻松自在的状态。

通过调整呼吸以达到放松身心、提高意识能力的方法有很多种。而相关专家先后于2013年和2016年提出的对呼吸进行有意识调节的方法，被实践证明是行之有效的。

¤ 第一种较为简单的呼吸方法被称为“谐振式呼吸法”。

首先，让自己安静地坐下或躺下，整个过程将持续5至10分钟，你只需用鼻子或嘴正常地呼吸即可。将你的手放在自己的腹部。吸气时，感受你的横膈膜下沉，以及你的腹部微微隆起。当你意识到自己的呼吸以及它所引起的腹部运动时，你需要在心中默数吸气和呼吸的节拍：1、2、3……在改变呼吸节拍之前，你需要了解自己正常的呼吸速率，从而为自己确定一个起始节拍。通常在开始时，你可以用2至3个节拍吸气，同样地，用2至3个节拍呼气。之后，分别将吸气和呼气增加至4个节拍，如此反复进行几分钟。此后，分别再将吸气和呼气增加至5个节拍，最后增至6个节拍。在整个过程中，你可以将自己的一只手或双手放在腹部，以感受吸气和呼气时横膈膜的移动。

¤ 另一种非常简单且安全的呼吸方法被称为“长呼短吸法”。

起始阶段与前一种呼吸方法相同。首先，让自己安静地坐下或躺下，整个过程将持续 5 至 10 分钟，你只需用鼻子或嘴正常地呼吸即可。将你的手放在自己的腹部。吸气时，感受你的横膈膜下沉，同时你的腹部微微隆起。当你意识到自己的呼吸以及它所引起的腹部运动时，你需要在心中默数吸气和呼吸的节拍：1、2、3……在改变呼吸节拍之前，你需要了解自己正常的呼吸速率，从而为自己确定一个起始节拍。之后，开始吸气，心中默数 4 个节拍；在呼气时，增加时长，心中默数 6 个节拍。如此持续反复训练至少 5 分钟。

呼吸节律多种多样，但就是否对身心有益而言，答案是因人而异的。

其中，有“4-6-4-6呼吸法”，意即：吸气，默数4个节拍；屏气，默数6个节拍；呼气，默数4个节拍；再屏气，默数6个节拍。如此一直循环往复。

还有“4-4-4-4呼吸法”，也被称为“正方形呼吸法”。相比于前一种呼吸法，它更简单，因为它是匀速的：吸气4个节拍；屏气4个节拍；呼气4个节拍；再屏气4个节拍。如此一直循环往复。

如果你希望尝试这些方法，请记住，呼吸时一定要温和、渐进，而不能急躁、激烈。

刚开始的时候，由于还没习惯这种有规律的呼吸方法，我们可能会感到眩晕、头昏，甚至会有喝醉酒的感觉。实际上，这些现象都是正常的，是我们改变呼吸方法之后，大脑获得了较多的氧气而造成的结果。几次尝试后，你应当选择一个令你感到充分安全、可以完全释放自己的场所来进行呼吸训练。（永远不要在盲目听信他人指导而忽视自身感受的情况下进行训练！）

呼吸是一种强大的工具，你需要倍加小心、善加利用！

06　远离社交网络，更易收获快乐

你需要减少对网络世界（手机、社交平台、个人电脑）的依赖。我知道，这件事说易行难。

迄今为止，许多相关研究都认为，经常上网至深夜、同时使用多种电子终端设备对我们的大脑极为有害，会影响我们的睡眠质量和大脑的认知功能，对我们的健康危害无穷。

我们经常沉迷于使用手机、社交平台和个人电脑，它们会给我们带来过度的外部刺激。这些过度刺激不仅会给像我们这样的高敏感型的人带来危害，同样也会给普通人带来不适感。任教于美国加利福尼亚大学洛杉矶分校的认知神经学家玛丽安娜·沃尔夫（Maryanne Wolf）提出，接受大量来自互联网的信息和各种电子终端设备的刺激，使我们丧失了"认知耐心"，以致没有能力对中长篇文章进行慢速阅读，没有能力让自己的内心产生共鸣，没有能力去探寻未知世界，没有能力将阅读的内容转化为自己的思考、知识和智慧。面对电脑或手机，我们的大脑就像一只贪吃的"蝗虫"，会吞掉很多信息。许多研究证明，屏幕阅读和书本阅读会产生不同的效果：阅读书本能够使我们更好地理解文章的内容；而当我们阅读电脑或手机屏幕时，对文章内容的理解会变得较差；阅读电子书的效果介于二者之间。

在我的《敏感者的天赋》一书中已经说过，"多任务处理"（即英文词 multitasking，意为同时处理多项事情）往往会造成不好的效果。然而，自从有了电子设备后，类似的"多任务处理"却充斥着我们的生活：我们会在手机上同时打开多个聊天界面，来回切换微信（Whatsapp）、照片墙（Instagram）、脸书（Facebook）等软件来看新消息，甚至与此同时，我们会开着电脑在奈飞（Netflix）上追剧。

过度依赖手机、沉迷于网络社交平台与其他的成瘾行为具有相同的神经化学反应机制和行为症状：它们就像“毒品”一样，影响大脑中的多巴胺分泌和负责愉悦感、奖赏感的回路的正常功能，从而使人在认知、专注、学习、睡眠等方面出现问题，严重者甚至还会患上焦虑症、社交恐惧症、人际交往障碍和压力症候群。

因此，我们在使用电子设备时，必须要严格自律。

自律就是“凡事懂得节制”：

· 晚上，关掉手机。

· 选择工作日中的某几个晚上和整个周末的晚上，关掉所有电子设备。当然，最好的情况是每天晚上都这样做。

· 为电子设备的使用设限：从每天的21点起，不收发任何短信、不查看留言、不给别人留言，将电子设备设为静音，直至次日早晨。

采取上述举措后，可能许多人会抱怨：这样一来，我们就丧失了社会生活！我如何跟朋友们保持联系呢？！

其实，事实恰恰相反。

只有关掉手机，你才能重新回归真实的社会生活。

届时，当你下班回到家中，你的身心将处于一种放松的状态，不会像从前那样每2分钟看一眼手机，检查一下是否有新的短信；也不会再一刻不停地把它拿在手里或揣在裤兜里，害怕漏掉任何重要信息。请你放宽心，没有任何研究表明，如果你关掉手机，就会有坏事降临到你头上，或者会错失人生重要机遇；恰恰相反，你将会重新发现自己和世界的美妙联系。

07 神奇的曼陀罗疗愈法

曼陀罗图腾是一种非常重要的象征意象。它是内在秩序的原型。它表明，在我们的内心世界里，存在着一个中心和一个外周。它尝试拥抱一切，它象征着一种整体性。当一个人处于压力之下时，他的大脑会自发地与曼陀罗相对照。绘制曼陀罗具有修复功能，它向人展示秩序的各种形态，将人重新带回有序的状态。

——荣格[4]（瑞士心理学家）

---

④ 译者注：荣格，瑞士心理学家，创立了人格分析心理学理论。他在 38 岁时遭遇生命的瓶颈期，于是他辞去教职，专注于内在的修炼。他发现每个人的人格都是分裂的，而曼陀罗图腾是一种完成自我的象征，绘制曼陀罗能让人无意识地自发表达，让内心的分裂得以重新整合。

许多人也许知道，藏传佛教的僧侣们会通过绘制曼陀罗来进行佛事祈祷、文化传承和艺术创作，这属于精神和艺术层面的曼陀罗图腾；然而，鲜有人知晓，曼陀罗还具有强大的疗愈功能。近年来，许多科学研究表明，进行曼陀罗图案的绘制有如下几方面益处：

· 有助于调和相互冲突的感受

· 提供精神上的慰藉

· 有助于制定自我的边界

· 有助于化解难以应付的情绪，而非对其进行压制

· 有助于压力管理

· 有助于提高学习力

· 促进创造性的发展

· 促进直觉力和问题解决能力的提升

许多研究人员也赞同曼陀罗在以下方面具有强大的功能：

- 刺激右脑半球的发展（创造力、直觉力、发散性思维）；
- 有利于大脑活动的同步性；
- 有助于进入一种冥想式的自然状态；
- 有利于迸发出创意和创新计划。

在梵语中，曼陀罗的本意为“轮圆”，但是在曼陀罗绘画中并不仅仅只有圆形，也包括正方形、三角形等形状。它们紧密围绕着同一个中心，同时，保持各自的主要特点不变，就像一种能量，以协调、对称的方式，从一个中心点不断向外发散。正是由于具有这样的结构，曼陀罗成了秩序与和谐的象征，我们的潜意识则将其解读为一种使人心境平和的意象。

荣格潜心研究曼陀罗绘画20余年，写就了4篇论述曼陀罗在大脑、自我意识和个人成长等方面发挥有益作用的文章。在为曼陀罗绘画上色的时候，负责理性思维的大脑将得到休息，不仅如此，大脑中的一些“隐藏”资源——直觉力、想象力、创造性思维——也将被挖掘出来，它们通常都处于一种未激活的状态。尽管给图片上色是一种非常简单的操作，但它确实会调动上面提到的所有能力。在我们为边界清晰、排列有序、同心对称的空间填色的同时，曼陀罗架起了通往我们潜意识的桥梁，发挥着“整合”人格的作用，特别是当我们处于压力期、感到自我撕裂的时候。除此之外，曼陀罗绘画也是一项适合亲子共同完成的活动。通常孩子都比较喜欢填色类的游戏。亲子一同为曼陀罗填色的好处是，既能使我们和孩子心境平和，又能密切亲子关系，营造积极的家庭氛围。

你可以在网上或书店里找到曼陀罗填色绘本。

开始填色之后，你可以选择零敲碎打的方式，也可以一气呵成地填完一幅图。你只需要全身心地投入其中，顺其自然即可。

绘制完后，你可以将所有曼陀罗绘画收集起来，贴到墙上，然后，站在2米外的地方观赏它们，感受它们对你传递的信息。那些曼陀罗就是你当下的真实写照，久而久之，你的内心将发生一些变化。

请拷贝出这张曼陀罗图案，开始填色吧。

5-10 分钟

08 感恩是快乐的种子

大量研究表明，如若一个人经常性地进行感恩训练，那么他将体验到长久的舒适和快乐。

研究亦揭露了一个神奇的事实，即人之所以心存感恩，并非因为他们快乐，而恰恰由于他们的心中充满感恩，才会使自己变得更快乐。因此，感恩使人快乐。

针对日常感恩训练进行的科学研究证实，感恩能有效提升人的耐受力（即应对危机或压力的能力），增强人的长期舒适感和快乐感。

常怀感恩能够：

· 在处理人际关系时，提升自身的满足感

· 有利于提升快乐感

· 激励亲社会性（pro-sociale）行为

· 提高自省和自我认知的能力

· 改善睡眠质量

· 提升舒适感

· 提升自身愉悦感以及与他人的相互联结感（intcrconnessione）

· 提高对劳累、艰难的日常生活的承受能力

· 提高情绪自我调节能力

· 提高主观能动性

在“减压日记”版块中，专门设有一个项目，需要每天填写至少3件令你感恩的事情。

你无须描述伟大的事件，只需写些类似中彩票、去度假的小事即可。你可以就一些生活琐事和日常经历、感受、处境表达你对自己、对世界、对生活的感恩之情。好吧，假如你真的经历了大事件并心怀感恩，那就再好不过了！

今天我很感恩，因为我安静地吃了顿早餐，享受着家庭的和睦。

今天我很感恩，因为天朗气清、阳光明媚。

今天我感谢自己，因为我圆满完成了那项工作。

今天我很感恩，因为我有个舒适的家。

今天我感谢我的朋友，因为在我需要的时候，他倾听了我的心声。

今天我感谢我的儿子。

当然，我们可以表达感恩之情的并不只限于令人愉快的情形。

同时，你也要学会对困难的情形表达感恩，因为通过这种方式，你能将坏事变好事：

今天我很感恩，因为通过与同事的讨论，我懂得了要改变自己的火爆脾气。

今天我感谢自己的敏感，因为它让我感到了不适，于是，我知道了自己的容忍极限。

今天我感谢自己的敏感，因为它激励我选择身边适合的人交往。

今天我感谢遇到的麻烦，因为它们教会我如何寻找新的解决办法。

今天我很感谢自己，因为即便犯了错，我也没有一味地自责，而是知错即改。

这不是所谓的“正向思考”。这是选择正面宣扬，摒弃负面贬低；是选择善待自己，摒弃在自我审判中扼杀自己。

在这个过程中，我们认识到了“自己是谁”“自己有什么”等等。我们要珍惜自己所拥有的，而不是对缺少什么东西耿耿于怀。这一过程将释放积极、有益的神经递质，构建思维的良性循环，久而久之，将改变我们的思维方式。

“靡不有初，鲜克有终。”

请你务必牢记：凡事重在坚持。从现在开始做，你将看到不一样的自己！

5-10 分钟

09 绘制你的“情绪地图”

在“减压日记”版块中，你将会看到如下的情绪图表，它展示了主导你的 6 种情绪，也可以称它为你的“情绪地图”。

我们知道，像我们这样的高敏感型人格，极易对周围人的情绪和我们所处的环境产生强烈和持续的反应。因此，我们不仅需要了解每一天我们所体验的主导情绪有哪些，还要清楚是哪种情绪在潜移默化地左右着我们的行为。

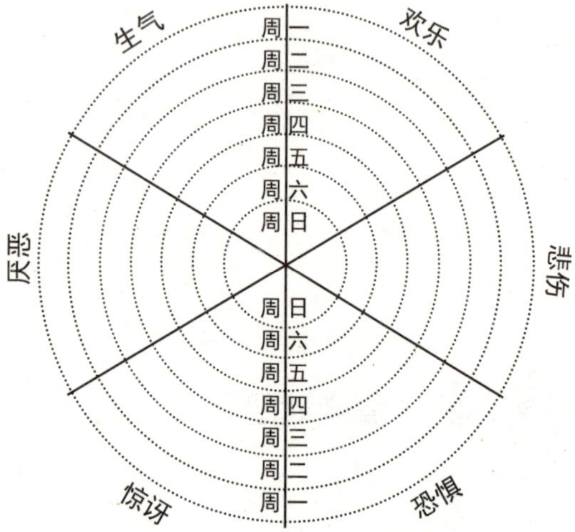

要有效了解这些，制作情绪地图是一种十分管用的做法。

它除了能让你看到自己每天的情绪体验之外，在一周结束之时，它还会向你发出警示，告诉你应该增加减压训练的次数了，或提醒你应该改变自己的态度以平衡情绪。这种自我关怀是极为重要的。

情绪地图由6种基本情绪组成，即生气、恐惧、厌恶、悲伤、欢乐、惊讶。

我们知道，尽管许多情绪是复杂而多面向的，但实际上，在这个世界上，有许多人是情绪感知障碍者，意即：他们无法感知或辨识自己的情绪或者他们将真实的情绪与其他情绪相混淆，这容易导致由里及外的不协调。制作情绪地图算得上是一种只关注少数几种特殊情绪的简单游戏。每天或一周数次制作情绪地图可以提升我们有效感知自己情绪的能力，从而使我们更加高效地处理人际关系。

情绪地图有若干区块，每一区块即代表一种情绪。

图表中的若干个同心圆代表一周中的若干天。最外侧的一圈为起始圈，代表周一。然后是周二，依次向内直至圆心，圆心即为周日。

每天，你需要花 5 分钟来制作情绪地图。如下图所示，你可以将当天的情绪区块涂黑或涂成彩色。

在周末或当它向你发出警示时，你需要检查一下自己的情绪处于何种状态：是平和的，是激烈的，还是抑郁的。

你将会清楚了解哪些是自己的主导情绪，哪些是“未曾体验

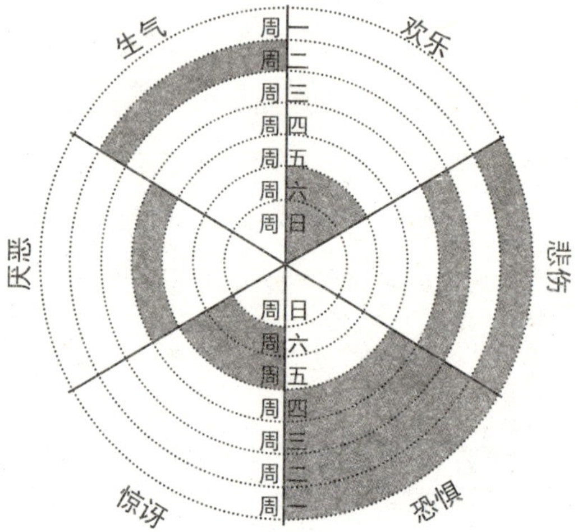

的”情绪。

请不要将悲伤和厌恶视作负面的情绪：前者将激励你向内心世界去寻找自己未解的心结，或许它还会给你带来创作的灵感；而厌恶将帮助你设定自己的边界，使你了解哪些经历是可能令你感到不适的，这有利于你往后做出正确的选择。

请你记住，生气和恐惧会激活我们身体的预警系统。假如我们过度生气或过度恐惧，我们的免疫系统将会受到负面影响。

最后，你还可以在“减压日记”版块的情绪地图栏目左侧空白处，记录自己所开展的减压训练以及相关思考和改进策略。

10–30 分钟

10 正念训练：让心灵更轻盈

我在《敏感者的天赋》一书中提到过，研究者们于 2010 年发现，对于高敏感型的人而言，开展正念训练可以帮助他们有效缓解因神经系统过度唤起而导致的许多症状。因此，我希望在此向你推荐并详细介绍这种极为重要的减压方法。

高敏感型的人拥有与众不同的专注力，但它却难以被驾驭，它就像一个聪明过人但又不服管教的小学生。

我们经常会受到源自日常生活的大量外部刺激的影响，它们会令我们分心，消耗我们的精力。锻炼专注力就是为了让我们学会在这些时候能够成功地引导、集中和恢复专注力。这有点儿类似于在健身房里锻炼肌肉：把手臂的肌群锻炼得更强有力就能让我们在日常生活中更加轻松地提起重物。锻炼专注力还会产生额外的益处：当我们处于危险区或崩溃区时，进行专注力训练能有效缓解因压力和紧张感导致的各种症状。此外，在我们进行训练的时候，由于身体处于静止状态，我们的大脑也会逐渐趋于平静。这种训练也十分有益于缓解我们的应激反应强度（在前文中我提到过，高敏感型的人往往具有高应激性）。选择坐下来进行正念训练是你对自己的一种表态，表明你不想对自己的感受和发生的事情做出强烈反应，你希望自己“静下来”，你相信自己能够做到。

除此之外，在进行正念训练的时候，我们将学会提高自控力、自我平静的能力以及自我防御的能力。

持续开展正念训练将有利于减少以下情况：

- 压力
- 焦虑

· 害怕、恐惧

· 睡眠障碍

· 抑郁

· 愤怒

· 思路闭塞

· 专注力不足

· 意识紊乱

· 一些逃避行为

与此同时，正念训练还能：

· 改善生活质量

· 提高专注力

- 提升对内在状态的自我认知

- 减缓应激反应程度

- 调节共情能力

- 达到自我的内聚状态

- 培养宽容心和同情心

研究表明，对于高敏感型的人而言，只有开展有规律的日常正念训练，它的积极效果才会显现。刚开始，你可以尝试进行 10 分钟的训练，然后逐渐延长训练时间，直至增加到每天半小时。但无论如何，请你不要过分强求。即便你的训练时间只有几分钟，可只要你每天都进行常规训练，那你就一定会看到它的实际效果。

开展正念训练的理想姿势可以是坐在地上、冥想垫上或板凳上，也可以是坐在椅子上，在特定情况下，还可以躺着。可以根据自己的实际情况自主地开展训练。

最佳的训练时间是清晨和晚上。如果你在睡前时间进行训练，建议你不要采取卧姿，因为那样会加重你的困意。当然，假如你在白天有5至10分钟的休息时间，你也可以到公园里找一张长条凳坐下，或者坐在办公桌前的座椅上进行训练。每天进行几分钟的正念训练就像为你的肌体提供某种形式的复合维生素补剂，让你在生理和心理层面得到放松和减压。

11 管理“精力”，比管理时间更重要

有许多人认为，这个世界总是令人左支右绌、疲于奔命，在这世上似乎充斥着层出不穷的状况、形形色色的人和需要费力维持的关系。同时，我们也知道，其他人之所以能够消耗我们的精力，是因为我们自己没有守住底线，没有设定边界，没有勇于说“不”。总而言之，如果我们对此放任自流、不加阻止，那么，我们的精力终将消耗殆尽。

因此，定期为自己所经历的状况“把脉”是十分重要的。你至少需要每周进行一次回顾，花几分钟时间回想自己所经历的状

况，在必要的时候，你还应采取补救措施。

在“减压日记”版块中，你会看到一个名为“精力增减表”的栏目，通过它你便可以达到为自己“把脉”的目的。

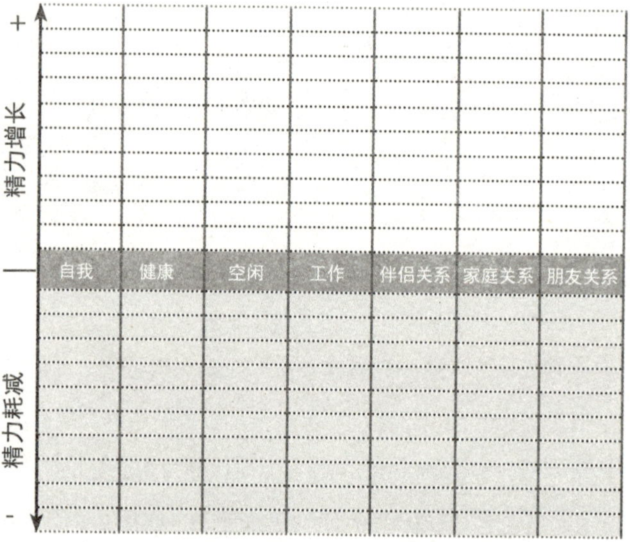

中间的横轴被分为了不同的区块，各个区块代表构成了我们生活的几大重要原素，分别为：

· 自我

· 健康

· 空闲

· 工作

· 伴侣关系

· 家庭关系

· 朋友关系

这些因素既可以是快乐来源（即：为生活提供能量，使我们的精力增长），相反，在特定的时间里，它们也可以是忧虑和压力的来源（即：消耗能量，使精力耗减）。带有双向箭头的纵轴表现了精力的增长和耗减。横轴以上的区域表示，我们在生活中是精力充沛的；横轴以下的区域则表示精疲力竭。为了便于评估，我们把每一格规定为 1 分，每列共 10 格，满分为 10 分。图表记录是一种比较客观的方式，我们用它来评价自己的主观感受，可以将抽象的意识直观地表现出来。

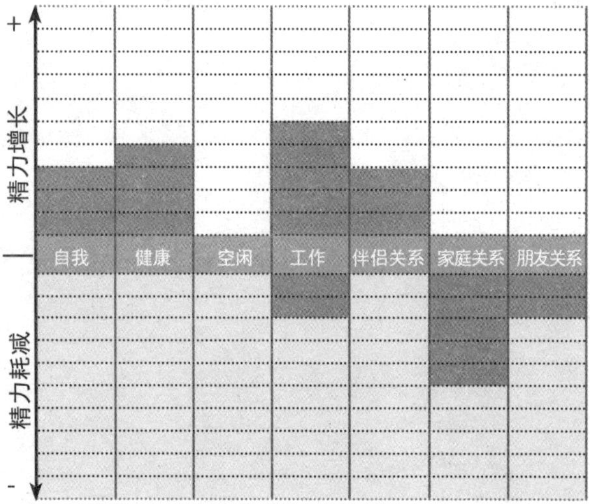

我们来了解一下每个区块的具体含义：

· 自我： 需做出评估的是，对自己的关心程度、自尊感、总体的情绪状态和自我的认知。假如你刚开始使用“减压日记”，在最初的几周内，“自我”区块可能为 -5 分，因为你的高敏感人格使你精疲力竭，你由此对自己做出了错误的评价，导致自暴自弃；然而，经过数周的减压训练之后，随着感觉逐渐良好，这一区块便可能从“精力耗减”转为“精力增长”，你会开始对自己做出积极的评价，感到自己变得越来越好，你的积极性也得到了激发，这使你精力充沛。

· **工作**：需做出评估的是，疲惫的程度、压力感或满足感的强弱、与同事和上级之间的氛围。如果你正在开展一项精彩的计划，但你感到很疲惫，那么在这一区块内，既可能有正向分，也可能有负向分。

· **健康**：需对自身的总体精力水平做出评估。

· **家庭关系**：如果你组建了家庭且育有子女，你需要对自己经营家庭的疲惫程度做出评估；如果你还生活在自己的原生家庭里，你需要对自己的融入感、归属感或承受负担的程度做出评估。

· **伴侣关系**：在这一区块，我们务必要摒弃先入之见，并非任何事情都能至臻完美（在现实中，理想的情侣关系可能并不存在，作为高敏感型的人，我们必须接受这一点）。如果你是一个幸福的单身汉，那么你将处于精力充沛的状态，在这一区块会得正向分；如果你的伴侣关系出了些问题，但你正予以积极应对，或者你的伴侣关系十分平顺，那么也同样会得正向分。然而，如果你生活得很不顺心并且常常抱怨自己的处境，且不论你的处境究竟如何，你都可能会感到疲累。

· **朋友关系**：需就空闲时间、朋友交际和兴趣爱好等对你的精力状况的影响程度做出评估。假如你为了结交朋友而去讨好他们，但实际上与他们貌合神离，那么你将感到疲惫不堪。朋友不在多，而在于精，不求数量，但求质量。

显而易见的是，基于外部环境的变化以及处事方式的不同，每周你所遇到的状况可能也会随之改变。实际上，这种改变的发生，正是由于你在面对具体事情的时候，有意识地采取了与以往不同的策略，以及开展了减压训练。此外，这种简单的游戏式的训练也会帮助你意识到：有许多事情你本可以善加利用，但却痛失良机；有许多状况正被你忽略；有许多事情摆在眼前，但你却不想面对。

10-30 分钟

12 生物能量训练，从身到心的觉醒

每件令人感到头痛的事都会对我们的大脑和身体产生影响，在无意识的状态下，使我们的肌肉紧绷，从而阻碍体内正常的能量流动、血液循环和呼吸气流。这种作用不仅仅局限于特定的器官，还会以不同的程度影响整个肌体，鉴于身体和大脑遵循着相同的运作规律，最终将导致我们对自己的身体和情绪失去控制。

开展生物能量训练是为了帮助我们与肌体的内部张力建立联系，去认识和化解紧张感。在这一过程中，因为生理上和情绪上

的紧张感得到了缓解，我们将体验到一种即时的舒适感；同时，随着训练时间的增长，困扰我们多时的身心阻塞状态也将被逐渐打破，我们将会进入一种长期的舒适状态。

生物能量训练是一种十分适合高敏感型的人的身心训练方法，它能帮助我们认识情绪的生理机制，让身体的紧张反应感得以缓解，同时，使我们逐渐达至一种心理层面的舒适状态。

你们可以跟随相关音频开展一些基础的生物能量训练。一旦你们掌握了其中的要领，便可以独立进行训练了。

情绪敏感——成功着陆——充满活力

我们知道，当我们处于崩溃区时会感到焦虑不安、思路闭塞、情绪低落、身体不适，甚至可能会出现惊厥恐惧、恍惚迷离、魂不守舍的状况。我们被彻底地击垮了，像被打入了深渊。

生物能量训练能够使我们“着陆”，通过训练，我们将变得更稳固、更贴近现实、更有耐受力，我们将更有能力去应对挑战、危机、创伤并重新恢复稳定状态。

每一种生物能量训练在其进行过程中，都必须遵循能量收缩和释放的平衡，这是一种符合自然规律的能量循环。以下方式，能使你的压力得到释放和缓解：

· 微小的颤动，这是我们身体的一种完全自然的、不受意识控制的、维持生命所必需的固有颤动

· 哭

· 笑

· 释放各种情绪

· 释放热量

· 深呼吸

· 体验轻盈感

· 增加活力

· 获得令人愉悦的舒适感和放松感

通过开展生物能量训练，我们能学会：

· 信赖自己的身体以及它所发出的指令

· 发扬我们独特的敏感特质，发现它所带来的好处

· 在进入危险区之前，接收和识别身体发出的预警信号与体验到的不适感

· 当我们快接近极限时，缓解因压力造成的身体紧张感

· 在感到压力之后，尽快恢复身心平衡状态，从而减少进入风险区或崩溃区的频率

如果可以的话，你应该每天都开展训练；假如你真的没有时间，那就请你隔几天进行一次训练吧，但请你记住，时间都是挤出来的。你可以选择在家中，或者在一处安静的、

不易被打扰的地方进行训练；训练的时间可以选在早晨起床之后，或者晚上结束了一天所有的活动之后。你可以站在地板或垫子上进行训练，此外，为了使你真切地去感受，最好不要穿鞋袜。

随着训练时间的增长，你将逐渐变得得心应手，你的总体活力和精力状况也将得到改善，与此同时，你也将拥有更强的能力去应对那些令你感到压力的事情。

经过一个周期的训练，你将会看到实实在在的效果，并且随着训练的持续，这些好的效果将得到不断强化：

· 更强的着陆感和内聚感

· 更强的身体意识

· 大脑的轻盈感

· 更强的应变能力

· 睡眠的改善

- 总体活力的增长

- 更强的自我放松的能力

13 善用“应激反应自测表”

在“减压日记”版块中，你会发现另一个有用的工具，那是我专门为你设计的“应激性度量表”又名“应激反应自测表”，用以帮助你关注自己的高敏感度。

作为高敏感型的人，我们的一大主要问题是，过于关注别人和“求全”心态强烈，与此同时，我们总是对自己不加关照，从而造成了自己的不适。我们应当学会持续地保持自身处于舒适区内，意即：不感到焦虑，不过度反应，专注而轻松地做事，能抓住要害，不感到疲劳或厌烦。

那里不是“伊甸园”，但我向你保证，通过加强训练和提高意识就能达到那种境界。

假如我们不监测自己的内在状态，就很容易陷入极端和不利的境地。

我们可能会走入两种截然不同的极端境地，但两种情况都对你的健康不利。

上表的左端代表“低烈度应激反应”，呈现出“唤起不足”的特征。

当你处在这一状态时：你会感到孤独，会感到身体被掏空；会将自己与外界隔绝，或因为害怕受到创伤而因循守旧；会只想待在家里，不是睡觉，就是看电视；会害怕所有的变化，会觉得生活太艰难；会持续地抱怨和陷入自卑，会因为对某些事情的忍无可忍而陷入崩溃。

上表的右端代表“高烈度应激反应”，呈现出“过度唤起”的特征。

当你处于这一状态时：你会过度反应；会胡思乱想，即便到了晚上也无法停止；会难以入睡，陷入纠结、焦虑的状态；会照单全收，不会拒绝；做事会贪多求快；会感到内心压力的增长；会在某些时刻感到焦虑；有时会有眩晕感或头脑中一团浆糊的感觉；由于你的注意力被周遭的万千事物所牵制，你的想法总是忽左忽右、游移不定。

当你处于“应激反应自测表”的中间位置时，表明你感觉良好。但此时，你需要特别警惕自己掉入理想主义的陷阱！“感觉良好”并不意味着所有的事情都要做到尽善尽美。只要你感觉良好，就说明你是舒适的，即便一些事情并未在你的掌控之中。有些人将之称作“涨潮期”。当然，名称并不重要，你可以根据自己的意愿为它命名。

此时，你要自信。只需稍加留意，你就会意识到自己处于舒适状态的频率远比你想象的高。当你感觉良好时，你的应激反应程度处于中间值，意即：你会主动地行动，不会被动地做出应激反应。应激反应不论是高烈度的，还是低烈度的，就长期来说，对我们这些高敏感型的人没有任何好处。

你可以每天开展这项训练，用画叉的方式在如下图表中标出你当天所处的位置，以表示你的感受；作为监测，你也可以在1周中选择若干天来进行训练；或者在周末时进行训练，用来感受你当周身体的状态。开展这项训练本身就是你进行减压和提高自我意识的重要时刻。它以一种特别的方式帮助你的大脑梳理各种体验。

5分钟

14 和温暖的人对话，倾听内心声音

关怀与游戏对一个人的成长至关重要。

——南·怀斯（美国20世纪最伟大的画家之一）

这项训练能够产生非常强大的效力，但需要我们在进行训练时保持一种开放的、轻松的心态。

我们首先需要明白的是，眼神的接触与面对面的近距离交流是人类展现关怀之情与亲密关系的两个基本条件，对于其他物种也同样如此。

注视对方的眼睛，以此来关怀和保护自己所爱之人——不管对方是孩子，还是成人，这种行为都是大自然母亲给予我们的一种生物本能。对于儿童来说，它是构建良好的依恋关系的基础；同时，它也能为成年人发展稳定的人际关系提供可靠基础。

注视对方的眼睛，让对方感到被认可、被看到、被珍视、被赞许。

正如我们说过的那样，由于进化和本能的原因，眼神交流能够延长对人的大脑杏仁核（情感中枢）的刺激作用。然而，由于具有高度的应激性的原因，高敏感型的人可能会误解他人的目光所要传递的真意，并由此导致自己感到害怕、自责或尴尬，所以，他们会尽力逃避他人的目光。直视对方的眼睛，就是看着对方眼球的中央部位，因为那里的视觉比较敏锐，能产生更为强烈的刺激。然而，如果我们以一种斜视的方式看着某人或某物，那将降低对方的视觉敏锐度，从而减少他能够通过眼睛获取的信息量。

在相关研究中，我们会遇到这样一个词，即“儿语交谈”（baby talk），是指模仿婴儿的声音，用充满感情的语调，在对方耳边轻声细语地说话。它与和人眼神交流具有同等重要性，因为学会用语言交流是人类情感成长过程中的一个重要的发育阶段。实际上，在成年人之间，特别是相互之间有着深厚感情的成年人之间，也会出现类似的“儿语交谈”，我倾向于将之称作“温情对话”。贴近对方并用温柔的语调说话，不论他们具有何种身份，都标志着对话双方具有亲密关系和深厚感情。这样的对话方式既常见于母子之间，也多见于情侣之间。使用类似的语言风格可以展现说话人对对方的关怀、爱护和亲近感。

心理治疗师南·怀斯提出：“关怀与游戏对一个人的成长至关重要，‘儿语交谈’的过程正好展现了这两个方面。”

在心理学和个人成长的范畴里，有些人会通过与镜子开展对话的方法来促进自身的改变。作为高敏感型的人，我们十分渴望被他人认可，与他人建立亲密关系，我们为之竭尽心力，却往往事与愿违。为了解决这个问题，我们必须找到真正的症结所在。作为一名拥有多年有关高敏感型的人的治疗经验的心理治疗师，同时也是一名高敏感型的人，我给出的建议有些与众不同。我认为，有必要将“亲密的眼神交流”和“温情的儿语交谈”这两种行为结合起来运用，只有这样才能充分地发挥出它们的潜力，以唤起人类的那些十分古老而又充满活力的情绪，同时深度激活我们与情绪相关的脑区。

具体应该怎么做呢？需要开展“自我温情对话”，也就是，近距离对着一面镜子，看着镜子里的自己，带着一种真挚的情感，与自己展开对话。

¤ 指导说明

选择一个你独自一人、不会被别人打扰的时间和地点。找一面足够大的镜子：当你把脸贴到距离镜子10至20厘米的位置时，你依然可以看到自己整个上半身。这么近的距离或许你需要的是一面全身镜，你可以舒舒服服地盘腿坐在镜子前，或跪在镜子前。你需要保持一种游戏式的心态，尽量发挥自己的创造力，凡事不要过于苛责。你在做游戏的时候，是你大脑最佳的学习时机。

第1阶段：假如你是第一次做这个训练，只需这样做即可：坐下，看着自己的眼睛，保持2分钟就足够了。你会觉得这2分钟很长，你会觉得很尴尬，这是正常的，因为我们并不习惯于如此目不转睛地盯着自己看。平时只有当我们需要镜子的时候（刷牙、梳头），才会使用它，但是，在这过程中，我们似乎并没有将注意力放在自己身上。你需要花一些时间去熟悉自己。如果你做到了，你的内心世界会感受到一种对自己的感激。对自己道一声问候、展露一丝微笑、说一句你好，怎么样，你觉得别扭吗？你需要有耐心并且带着善意：当你看着自己的时候，你可以想象自己正看着一个许久未见的好友，或者就像面对着一个惹人疼爱的婴儿；当你看着自己的时候，你可能会开始意识到你是如何通过愧疚、自责来扼杀自己的。停下来，别再想了。请你深呼吸，然后想一些对你来说美好的事物。

第2阶段：假如你已经进行了若干次训练，那么，请你将脸往镜子上再贴近一些，让你的脸和镜子保持非常近的距离，就像你想要亲吻它似的。保持在这种距离下，你的脸和它的镜像只相隔几厘米：在如此近的距离下，你甚至看不清脸的轮廓，于是，你会产生强烈的情绪，会激动起来。

不管你的感受多么强烈，你要始终看着自己的眼睛，与你的镜像一直保持这样的微距。然后，请你深呼吸，慢慢地用细微而温柔的声音对自己说：

- 我喜欢你
- 你很重要
- 你很珍贵
- 你很勇敢
- 我爱你
- 你有幸福的权力
- 你值得被爱
- 你很漂亮

- 你今天在处理那件事的时候，做得很好

- 你太棒了

- 你有一颗美丽的心灵

- 你有许多优点

- 你的敏感人格是种天赋

……

刚开始你也许无法完全接受，认为这很奇怪，但不必过分在意，让整个过程顺畅地进行下去即可。在进行训练的时候，你要尽可能地跟着自己的感觉走：你可以一边进行训练，一边自己想一些词句，一些对你而言恰如其分的词句。要知道，它们对你那敏感而又易受创伤的心灵具有很好的疗愈效果。

为了更好地帮助自己，你可以问自己：在所有这些话语当中，你最想听到的是哪一句？如果你有答案了，那就常对自己说那句话。最后，请把你的感受记录在“减压日记”里。

第3阶段：随着训练的深入开展，此时你已经恢复了自信。在你心中，你的自我形象已经得到了巩固。这时，你已经不再需要使用镜子了，但是，在任何情况下，即便是在众人之间，你依然可以通过温情的方式和自己展开对话进行训练。

假如你能够一直按照正确的方式对自己进行激励，那么，大脑将会对过往的创伤进行自动修复。学会认可自己并且同自己建立一种亲密关系，不仅能够使我们在当下感到舒适，而且也有助于修复我们童年的创伤。

我们的感官十分敏感，情感非常细腻，我们应当认可自己的这些特点。我们应该将这些独一无二的珍贵的特点视作自己的长处，应当同自己温柔而又友善地对话，应当关爱自身。这么做并不是因为这个世界糟糕透顶或者没有人关心和爱护我们，而是因为只有我们自己能够重塑我们的内心世界，改变我们的自我认知方式，让自己以一种积极的方式走出挫折经历。只有经历了这个过程，我们才有可能遇到真正对我们有益、懂得尊重我们、关爱我们的人。

✡ 注意事项和禁忌：

· 从初次训练开始，可能会出现厌恶、生气、轻微焦虑的情绪或发笑等一些反应，甚至很多人会对着自己哭。然而，你不必为此担心，以上都是正常反应。

· 务必找一个你认为安全可靠的地方进行训练。

· 如果你在训练时感到头晕，或者有种天旋地转的感觉，那么意味着这种训练可能并不适合你，你可以尝试本书中推荐的别的训练方式。

· 如果你感到某种压力，感觉自己似乎游离于身体之外，身心分离或者有种“灵魂出窍”的感觉，那么，请你立刻停止训练；你一定能在众多其他的训练中找到适合自己的方式。

¤ 除此之外，还需注意：

· 自我感知较弱的人，疑似的或已被确诊的精神病患者，都不宜进行这项训练。

· 时常会产生脱离实际想法的人也不宜进行这项训练。

20分钟

15 莫扎特音乐的奇效

也许你听说过这样的故事：

· 为了提高牛奶的产量和质量，有些国家的农场主会给奶牛听莫扎特的音乐。

· 在美国的许多精神病诊所，有些医生会给患者们听莫扎特的音乐，播放半小时能发挥10毫克安定的药效，并且毫无副作用。

· 在加拿大的许多城市街道上，城市管理者们会通过扩音器播放莫扎特的音乐，事实证明，这能够有效降低微型犯罪和毒品买卖的案发率。

· 在意大利的基安蒂（Chianti，意大利中部地区著名的葡萄酒产区），当地人发现，在葡萄园里播放莫扎特的音乐能够使葡萄藤长得更健壮，使果粒更饱满、多汁；而那些没有“听过”莫扎特音乐的葡萄或者距离扩音器较远的葡萄的长势则相对欠佳。

· 日本的酿酒师们发现，在清酒的发酵过程中，如果播放莫扎特的音乐，米酒的出酒率能提高10倍，即在音乐作用下，生产效率得到了显著提高。

这里面是有什么魔法吗？当然不是了。

莫扎特的音乐能够产生奇效的事实早已被科学所证实了。

这实际上是莫扎特的音乐中所蕴含的特殊声波发挥的作用。经过科学测算，它能够对生物体——植物、动物、人类——内部的电磁波和生化反应产生积极的影响。对人类（成年人和孩子）而言，莫扎特的音乐具有以下效果：

- 提高专注力；
- 提升对情绪的控制力；
- 降低应激反应程度，缓解冲动；
- 改善处理人际关系的能力；
- 缓解疼痛；
- 根据音乐节拍，调节西塔脑波；
- （短暂地）提高智力。

相关的科学研究仍在持续进行，研究者们特别关注的一个问题是，莫扎特的音乐所产生的神奇效果能在多长时间内保持稳定性。

对高敏感型的人而言，莫扎特的音乐是一种非常实用的减压方法。正如本书中提及的所有减压方法，我都在自己和其他人身上做过试验，且都被证明是有效的。

许多研究表明，1周至少需要收听3次莫扎特的音乐，并且持续几周，才会产生效果。当然，你也可以每天都听。这种减压方法最值得称道的是，它不会产生任何副作用。你可以一边开车一边听，因为它完全不会让你感到困倦；你也可以一边工作一边听，因为这就好像给大脑提供了某种“神经安抚剂”。

在莫扎特谱写的众多音乐中，有些曲目具有突出的疗效，而且很容易在网上找到它们：

- 《双钢琴奏鸣曲 K448》（25分钟）
- 《A大调单簧管协奏曲 K622》（29分钟）
- 《大师之作100首，第3辑（选集）》（60分钟）

最后，请你将自己收听音乐之后的感受和收获的效果记录到“减压日记”中吧。

16 培养自我共情能力

假如你读过《敏感者的天赋》，你就会知道从神经心理学角度来说，为什么你的共情能力高于常人。

因为我们的“感官处理高敏感度”导致我们自然地具备与他人共情的能力。我们会本能地站在他人的角度去思考问题，会想方设法照顾他人的情绪，会为身边最要好的朋友排忧解难。

现在是时候将这种珍贵的能力用到我们自己身上了。但在这么做之前，你需要玩一个“假扮别人”的游戏。

训练

尝试想象一下，找一个你最亲密的人（伴侣、好友、姐妹、兄弟或者除子女或双亲以外的家人）。

畅想一幕情境：在那里，那个你最亲密的人因犯下了一个错误或遇到了一个麻烦而想要和你倾诉，他希望你成为一个倾听者。你无须过于纠结是何种错误或麻烦，总而言之，它不是很严重，但却造成了一定的困扰。如果你恰巧有过类似的真实经历，那就想一想那次的经历。如果你做好了准备，那么开始回答下列问题吧。你需要将你的回答详细地记录下来，但请不要做过多的思考。

当你最亲爱的朋友向你讲述一件他遇到的麻烦事的时候，你会怎么做？

当你听到和看到他如此忧心、如此痛苦，你有什么感受？

听完他的话，你会理解他和接纳他，还是会责怪他、批评他和看不起他？

……………………………………………………………………………

……………………………………………………………………………

你会如何“处理”那些他告诉你的关于他所经历的情绪？（分享、责怪、尝试改变或是接纳……）

……………………………………………………………………………

……………………………………………………………………………

……………………………………………………………………………

……………………………………………………………………………

你会使用哪些词句去安慰和支持他？

……………………………………………………………………………

……………………………………………………………………………

你会使用什么办法去帮助他？为了帮他解决问题，你会提出什么样的建议？

在接下来的几天里，你会用什么样的态度对待他？为了让他感受到你一直在他身边，你会做什么？

....

....

你可以将这些问题誊写到不同的纸上，反复进行类似的训练。你可以畅想不同的情境，想象不同的亲密角色。

训练结束后，请你找出自己做得最好、说得最棒的内容，以及你觉得你提出的最有效的办法和你在帮助别人时所体现的长处。你可以采用以下形式一一记录下来：

例如：

我会倾听

我不会妄加评论

我会用肢体给他适当的安抚

在接下来的几天里，我会让他感受到我对他的支持

1.__________

2.__________

3.__________

4.__________

5.__________

6.__________

7.__________

8.__________

9.__________

10.__________

现在请你将自己记下的所有内容朗读出来，并且大声地朗读下面的声明：

从今往后，当我遇到难题或犯下错误的时候，我会用自己这些宝贵的共情能力去支持自己、帮自己越过难关。

我会与自己开展相同的对话。

我也会常常提醒自己我具有哪些宝贵能力，并把它们一一记录下来，在需要的时候，尽可能地对自己加以使用。

17 治愈的“冷静瓶”游戏

在此，我向你推荐蒙台梭利教学法中的“冷静瓶”（Il barattolo della calma）游戏，因为我发现，它对帮助高敏感人群减压非常有效。

“冷静瓶”游戏原本是为了帮助刚经历争吵和哭闹后的幼儿在短时间内恢复内心平静，不做出过激反应而设计的一款游戏。对成年人，特别是高敏感型的人来说，它同样能有效阻断应激反应的发生，把人重新带回到情绪平稳状态。

在许多网站，你都可以找到各种各样的制作“冷静瓶”的方法。

在此，我向你介绍一种非常简单的制作方法。

所需的材料包括：

· 1个带盖子的玻璃瓶

· 1–2勺闪粉胶水

· 3–4勺小亮片

· 1滴食用色素

· 适量热水

在制作的过程中，请注意不要将瓶子装满，要留出一定的空间，同时，为了便于瓶内物品的流动，请不要将液体部分置于上部。你可以在文具店里买到制作“冷静瓶”所需的材料，至于食用色素，一般超市均有售卖。

第一步，先将热水和闪粉胶水倒入瓶中。第二步，进行搅拌，直至闪粉胶水与水完全混合。第三步，放入小亮片，再次进行搅拌。第四步，加入食用色素。第五步，拧紧盖子。在这个过程中，你可以依据自己的灵感和喜好，添加更多的色素或小亮片，从而做出更加丰富多彩的效果。

如果你希望小亮片的下落速度更慢些，你也可以在瓶中加入一滴洗发水。

关于颜色，我推荐你使用绿色、深蓝色、天蓝色，因为这些颜色天然地具有镇静的效果。当你感到承受压力、反应过激或备受打击时，你可以拿出你的“冷静瓶”摇一摇，然后，坐下来并且专注地看着它，与此同时，你可以做一些深呼吸，花几分钟的时间，用心去体会那些起起伏伏的闪亮颗粒沉入瓶底的过程。此时，对你高度敏感的神经系统来说，是非常宝贵的，因为它能够缓解你的应激反应冲动，让你认识到自己的情绪，促使你进入一种近乎冥想的状态，最终，你的头脑会逐渐清醒，情绪会趋于平静。当那些闪亮颗粒都落到瓶底后，你可以说一说自己当下的感受以及与此前的感受有何不同，或者你也可以将它们记录到你的“减压日记”中。

在你觉得需要的时候，你可以重复进行这样的训练。

你也可以用不同的色彩制作不一样的“冷静瓶”；可以在白天或晚上或你情绪不稳的时候开展这个有助于减压的游戏。当然，与他人一起玩这个游戏也不失为一种乐趣：在一场争论之后，你可以通过跟伴侣一起玩这个游戏来跟他“讲和”；你也可以跟你的孩子一起玩这个游戏，以帮助他熟悉自己的情绪。

这个训练属于“象征性游戏”中的一种。它主要是为处于成长发育期的人所设计的，但它所发挥的作用对每个年龄段的人来说都很重要。通过观察“冷静瓶”，人的激动、无序的内心世界将会逐渐地与那些起初起起伏伏、最终归于平静的闪亮颗粒产生一种暂时性的、不受意志控制的趋同效应。于是，观察瓶子的那个人最终也会冷静下来。

试试晃动你的冷静瓶吧。

18 按摩的好处知多少?

也许你还不知道，一些简单的活动也能够促使我们的大脑释放出有益于身心健康的物质。按摩就是其中之一。科学研究表明，爱抚、轻抚等手对皮肤的接触行为——行为主体无论是我们自己，还是专业的按摩师，或是我们的伴侣——都会促使人体释放催产素，这是一种对身体极为重要的神经递质，它：

· 能够使人放松；

· 能够促进亲密关系；

· 能够降低皮质醇水平，进而缓解紧张感。

如果我们在按摩时使用一些益于放松身心的天然精油的话，它所发挥的效果将大为增强。

根据我在身心医学（psicosomatica）领域多年的学习和研究经历，我发现，最适合用于减压、放松和舒展身心的精油包括：

· 薰衣草精油

· 菊花精油

· 橙花精油

请注意：务必使用100%的天然精油，而不要使用人造精油。为了避免皮肤过敏，可以先在一小块皮肤上——例如，手腕内侧——试用一下。总的来说，我推荐的这些精油都是非常温和、安全的，但进行试用是十分必要的步骤。

此外，请你不要直接使用纯精油，最好能将2–3滴精油加入1勺甜杏仁油内，将它们混合起来使用，还要避免将它们直接暴露在阳光下。

在什么部位以及如何进行按摩呢?

你可以在洗完澡之后，用调好的按摩油为自己的身体（脸部除外）进行5分钟的按摩。当然，你也可以请你的伴侣为你按摩，这样不仅有利于你自身，还有利于促进你们的伴侣关系。

最值得一提的“乐趣”非“足底按摩”莫属了。

在西方世界，足底神经反射疗法是一种具有悠久历史的治疗术，后来经过美国的威廉·菲兹杰拉尔德（William Fitzgerald）医生的研究，这种疗法得到了进一步的改进。根据相关理论，人的足底相当于人体的一张“全息照相”，也就是说，人体的各个部位——包括器官和肌肉——在足底都有其反射区。如果我们能够在精油的辅助下，使用恰当的力道，为自己的足底按摩几分钟，那将会带来非常好的效果：除了有益于我们的整个人体组织，还能让我们体验到一种全身心的放松。

15–30分钟

19 表象训练：想象力是财富

不管你觉得自己能做到，还是不能做到，你都是对的。

——亨利·福特（福特汽车公司的创始人）

表象训练又称意念训练或冥想，是一种心理训练法，开展表象训练对提高时常处于闲置状态的个体内在资源的利用率十分有效。其实表象训练已在许多领域得到广泛应用，例如：临床心理学领域、体育运动训练领域、日常劳务领域、个人成长领域，等等。我们大脑所具备的想象力，它能使现实中或此时此地并不存在的情境、事件、经历在我们的大脑中得以展现。

科学已经确认：不管是一段真实的体验，还是一种极为贴近现实的想象，对于大脑而言，二者是没有差别的。在这两种情况下，大脑均会被激活相同的神经、生化和心理活动过程。之所以会产生这种结果，研究者认为，这是因为我们开展想象力活动时，神经会自动在大脑中构建相应的形象。如果它是积极的，那将对我们十分有益，能使我们得到更多解决问题的能力和创造性思维；如果它是负面的，那这种负面的场景有可能会变成现实，至少会强化某种恶性循环，因为我们正在根据那个负面的、消极的形象为大脑“编程”。

有“现代催眠之父”之称的米尔顿·H. 艾瑞克森（Milton H. Erickson）研究发现，人脑无法分辨现实情况和完美的表象训练。人脑是根据现实感知所遵循的规律来进行形象构建的，在很大程度上，通过表象来运行，这构成了人脑运行的主导机制。根据心理神经内分泌免疫学的理论，该机制能对人的身心产生影响。

比如，在体育运动领域，为了提高运动员的运动表现，经常会模仿比赛中各种动作的表象训练。在临床心理学领域，这种方法已经使用多年，并且收效良好。综合来看，表象训练有如下功效：

· 有助于增加阿尔法脑波的波幅和规律性

· 有助于调节皮质醇激素水平

· 有助于增加褪黑素在夜间的释放量

· 有助于提高认知能力

· 有助于提高自身解决问题的能力，有助于提供创新解决问题的办法

· 有助于调节生理反应（降低肌体的耗氧量、心率和呼吸频率）

· 有助于改善注意力和专注力

· 有助于提高积极主动性

· 有助于缓解焦虑感

· 有助于控制固有的病痛

· 有助于缓解紧张感

上述功效已经在不同的理论中得到证实，包括：心理神经肌肉理论（la teoria psiconeuromuscolare）、符号学理论（la teoria dell’apprendimento simbolico）、生物信息模型理论（il modello bioinformazionale）、心理神经内分泌免疫学理论（PNEI）。

◎ 注意事项和禁忌：

· 务必找一个你认为安全可靠的地方进行训练，例如，在家里。训练时，你既可以保持坐姿，也可以保持卧姿。

· 请勿在开车时进行训练。

· 如果你在训练时感到头晕，或者有种天旋地转的感觉，那意味着这种训练可能并不适合你，你可以尝试本书中推荐的别的训练方式。

·如果你感受到某种压力，感觉自己似乎游离于身体之外，感觉自己身心分离，或者有种“灵魂出窍”的感觉，那么，请你立刻停止训练；你一定能在众多其他的训练中找到适合自己的训练方法。

¤ 除此之外，还需注意：

·自我感知较弱的人，疑似的或已被确诊的精神病患者，都不宜进行表象训练。

·时常会产生脱离实际的想法的人也不宜进行这项训练。

20 请注意，睡午觉是刚需

不要为自己找任何借口，每个人都应享有属于自己的周日。也许我们中的一些略懂时间管理的人能挤出睡午觉的时间，但大多数人并不了解午睡对健康和减压大有裨益。

爱因斯坦和爱迪生也支持午睡，或许这对他们具有高度应激反应的大脑而言，也是必要的。

那些认为午睡是懒汉行为的人想法是错误的。美国国家航空航天局最近针对空军和宇航员们开展的一项研究表明，如果在日间进行40分钟睡眠，可以使人的生理机能增强34%，甚至反射敏捷度也将提高1倍。在一些大型跨国企业，内部都会设立午休室，在这些休息室里，一般都配备有舒适的沙发，并且播放着助眠的音乐。

现代医学已经证明，午睡能够帮助大脑像计算机那样重新启动，从而使大脑中的信息重回有序状态，使左右脑半球活动趋于平衡，使神经递质的释放得到调节，使情绪回归稳定状态。因此，对高敏感人群来说，午睡是极好的减压工具。

¤ 它能：

· 提高学习能力和记忆力。当你打盹儿时，大脑中与记忆有关的区域会被重新激活，从而加强形成记忆的神经连接。

· 当从午睡中醒来时，人们的积极主动性和情绪状况会得到显著改善，人们会更倾向于去寻求解决方案，更不易失去耐心，不允许自己意志消沉、垂头丧气。

· 在午睡时，大脑右半球的活跃性（与想象力、创造力有关的区域）与清醒状态下相比，会显著增强。这意味着午睡能促进和激发人的创造力、直觉力和发散性思维，这些都是高敏感型的人十分珍贵的特质。

· 调节血液中皮质醇和去甲肾上腺素等应激激素的浓度。

· 减少神经性饥饿，因为睡眠时间与人体内调节食欲和饱腹感的两种代谢激素——胃促生长素（grelina）和瘦素（leptina）水平变化密切相关。

· 增强免疫系统。由于睡眠不足，白细胞，即抗感染的白血球数量将减少，但它们会在得到充分休息后恢复正常。

· 缓解精神疲劳和身体劳累，恢复人体的反应速度。

·促进肌肉生长。在睡眠过程中，生长激素水平会升高。因此，在剧烈的体力活动后，适当休息可以让肌肉和结缔组织得到更快的修复。

¤ 注意事项：

·午休时间不应超过40分钟，最好在20到30分钟之间（所有的研究都证实这是最佳的午休时长），因为这样既不会影响夜间睡眠质量，又能充分享受午睡带来的好处。

·午休最好在用完午餐之后进行，科学家通过对人体昼夜节律的监测发现，此时人体更倾向于休息。然而，在下午的晚些时候进行休息则有可能会削弱夜间的睡意。

·如果你习惯于在用完午餐后躺下休息，那么，为了避免出现消化不良等问题，请不要完全平躺，最好是斜靠在靠垫上休息。

如果你真的毫无睡意，但同时你又有充足的休息时间，你可以花 20 分钟让自己闭目养神，这样也能给身心减压。

你在等什么？好好午睡吧！

21 给自己一次任性的机会

这些年来，在我高度敏感的生活中，我以牺牲自己为代价弄清了一件事——高敏感者总是扮演着那个禁锢自己的狱卒。

我们可以算得上是真正的独裁者，我们对自己进行审判，尽管我们的内心告诉自己“如果你这次拒绝会更好”“你对还要承担这项任务感到厌烦”以及“这句话伤害了你，尽管那是无心之语，但你最好还是跟他就此沟通一下吧”。我们需要学会识别从我们内心深处发出的这种警告声，我们需要为它解码，需要去认真倾听它，因为它为我们提供了一个明智而可靠的指导。为了逐渐熟悉它，我建议你给自己制造和它相处的机会。

伴随着你对本书阅读进程的不断深入，在每一周的开始，你可以有选择地给自己放个假。

告诉自己：你自由了，可以随心所欲地做点儿自己喜欢的事……

你可以好好享受做某事或不做某事的自由，说什么或不说什么的自由，以好好去体会自己的感受。

可以像下面这样写在笔记上——本周，我允许自己：

- 对他人说“不”
- 不要自我审判
- 晚上出去约会
- 晚上待在家里

· 把时间都留给自己

· 将自己摆在最优先的位置

· 关闭手机

· 拥抱他人

· 穿红色服装

· 请朋友喝咖啡

· 去冒险

· 犯点儿错

· 不那么完美主义

· 表现得敏感点儿

请你将每周允许自己做的事写在一张彩纸上，用透明胶带将它粘在醒目的位置，这样它每天都能提醒到你。到了下周一，你既可以换一张新便利贴，也可以直接在旧纸上做更改。

22 学会犯错，遇见更多精彩

学会犯错是至关重要的。同样地，学会“摔倒”也非常重要：在武术界，师傅要传授的第一件事往往是如何摔倒。犯错和摔倒是一回事：它们都会使我们失去平衡，影响我们的想法和外界对我们的看法。

在任何一个领域，犯错都是促进学习和推动发展的途径。

原谅自己所犯的错误，抛弃顽固不化的想法，停止对完美的追求，这是高度敏感者最需要做到的。我们可以用游戏的形式来学会接受自己的不完美，虽然有时这些方法看起来不那么正确。

¤ 方法一：庆祝自己的不完美。

我们应该为自己在不经意间所犯的大大小小的错误而感到开心：你走错路了吗？你没赶上火车吗？你说了些不恰当的话吗？你是不是没有在设定的期限内完成工作？我们来庆祝一下吧。我们可以搞一个小小的仪式来庆祝自己的弱点，庆祝我们使严苛的自己变得柔和了。

¤ 方法二：适应混乱。

我们可以在离开厨房时让它保持一片混乱，或者打开衣橱里所有的抽屉，不加整理，直接离开家。如果你是一位女士，有时可以试着不梳妆、不打扮，就这样蓬头垢面地出门。

对于男士而言，你可以试着让自己蓄几天胡子。

当你的孩子们把家里搞得一团乱时，请你学会容忍且不要马上整理。当你的宠物将环境弄得一团糟的时候，请你试着调整心态，去留心事情积极的一面——你的宠物是那么活泼，它喜欢你，看到你就欣喜若狂。或许你还可以偶尔和孩子们做游戏：

· 拿一张白纸，倒上一些茶水或咖啡，让它慢慢变干；然后尽情地去欣赏纸上的污渍所自然形成的形状和图案，你可以发散想象力，将它想象成一些人、一些动物或者植物，为它们构思一些剧情。在整个过程中，你一方面会对自己的所作所为感到无比厌恶，另一方面也会感到快乐和自由。

· 给你尚未整理的床拍张照；或者为你吃剩的饭菜拍张照；然后试着从中找到一丝令你感到和谐的地方。

· 拿一张纸，如果你惯常使用右手，那就换用左手在上面写字或画画，然后把这张作品挂在家里。

· 用你的脚写字或画画，同样地将它挂在家里。

尽情去发挥你的创造力，这样做是为了让你自己认识到，不完美的事情往往也是美的、充满活力的、富于创造力的。祝你玩得开心！

23 重温“写给自己的信”

至少每周诚恳地朗读一次那封写给自己的信。如果你没有信守自己的诺言，那也不必为此自责，不要对自己太过严苛，你只需要许下新的诺言即可。

24 寻找同类，治愈孤独

社交平台普及的今天，我们可以轻而易举地与那些相距遥远但拥有共同兴趣爱好的朋友建立友谊。例如，通过参加我组织的一系列活动，许多高敏感者得以相互认识，并最终成为了朋友。他们组成了一个小圈子，并不时地见面。高度敏感型人格更容易理解他人的感受，这不仅给了大家一个集体减压的机会，同时也是一个相互学习的机会，因为在每一个由相似的人组成的圈子中，人们总是能够相互促进，不断发展。

25 鼓足勇气，做点儿冒险的事吧

无论多么忙碌，至少每周去做一件自己从未尝试过的事。

· 如果你从没去跳过舞，那就去跳个舞吧。

· 如果你每周六晚上总是不着家，那就请你待在家里吧。

· 如果你从没想过去餐厅吃饭，那就请你去餐厅犒劳犒劳自己吧。

- 如果平时很注重着装，那就请你一整天都穿着睡衣吧。

- 如果不善交际，那就请你去找一位与你相隔很远的朋友吧。

- 如果老习惯点外卖，那就在家做一顿晚餐吧。

……

26 出门走走，拥抱春暖花开

不必花很多钱去远游，你只需要花费很少的钱，抽个时间出门散散心即可。你可以去海边、去深山，也可以去游览自己所在的城市。

重要的是，你要把出门旅行这件事当作是给自己的一份礼物和惊喜，是为了满足你认识和体验新情绪的心愿。

27 学会“断舍离”：从外到内，焕然一新

“断舍离”俨然已成为一种时尚用语，简单地说，就是舍弃一切无用的、老旧的或不会再使用的物品。当我们“断舍离”的时候，我们的内心世界会产生强烈的情绪共鸣。例如，当我们清空自己的衣柜、餐具橱、鞋柜、箱子、酒窖等的时候，实际上，我们正在以某种方式释放自己的精神空间，卸载掉一系列使我们内心感到压迫和紧张的情绪负担。

关于“断舍离”的书籍、视频数不胜数，当然，你可以去读去看，但务必保持独立思考。唯一需要提醒的是，确定自己将需

花费的时间或要达成的目标：两个小时，一个下午，还是半个衣柜。目标一定要在合理范围，否则你可能会力不从心、事与愿违地给自己造成更大的压力。如果你决定要清空一些面积较大的地方或要处理一些颇具挑战性的事情（比如，清空整间屋子），那么你可以考虑“分步走”的策略：今天完成一部分，下周或下个月再做剩下的事情。

28 找个同类，约会吧

高度敏感者之间的会面是件好事。如果一群高度敏感的人，在一位高度敏感治疗师的带领下，在一起进行为期一天的减压活动或开展深入的研讨，那会更好！在我创设的网站（www.ipersensibili.com）上，你可以找到各类实用的建议。

在我的带领下开展的两个高敏感族的见面会上，我不但给大家充分的时间来分享经验、进行比较，还让大家一起在现场开展旨在减缓应激反应的肢体训练和正念训练，除此之外，参会人员还就一些应对不同状况的方法策略进行了充分的讨论。整个见面会是在一种非常友好而充满温情的气氛中进行的。这就像做了一场水疗、泡了一次温泉。这是一种有益身心的体验，是一个为身体和大脑充电的过程。如果能将这样的活动常态化，那必然会获得更好的效果！

29 放空，为能走更远的路

每个月一次保持彻底放空或绝对静默状态——你值得尝试一下，完全不必担心就此会成为一个离群索居的隐士。静默不应被视为某种惩罚或剥夺，而恰恰是保持心理健康的好方式。在正念训练中，长达数日的静修是一种正常的实践：许多人一起生活、一起相处，但都保持静默、收敛自我。人们待在一起，精力高度集中。你也可以时不时地在日常生活中这样做，以便体验它在精神层面上的“净化力”。静默也意味着没有手机，没有电视，没有电脑，没有书，没有收音机，至少在几个小时内什么都没有。

那么，在静默中我该做什么呢？想做什么就做什么：散步、做手工、打扫房子、购物。你只需简单地做好每一件事，把自己的心思摆进去，去倾听内心的声音。在开始时，也许你会觉得很不安，那么，请你给自己一些时间，让自己平静下来，试着去倾听自己的呼吸，专注于自己的行为。慢慢地，经过几个小时或一整天的时间，大脑便会平静下来，注意力会集中并且变得平和，高度的应激状态会得到减缓。

最好你能选一个清闲的日子，没有太多与他人的互动，或者你可以与自己的伴侣在家中进行这项训练。孩子们也会非常喜欢玩这样的游戏。我们之所以要玩这种保持静默的游戏，是为了更好地感受我们的内心状态，以便协调其他感官功能和净化心灵。

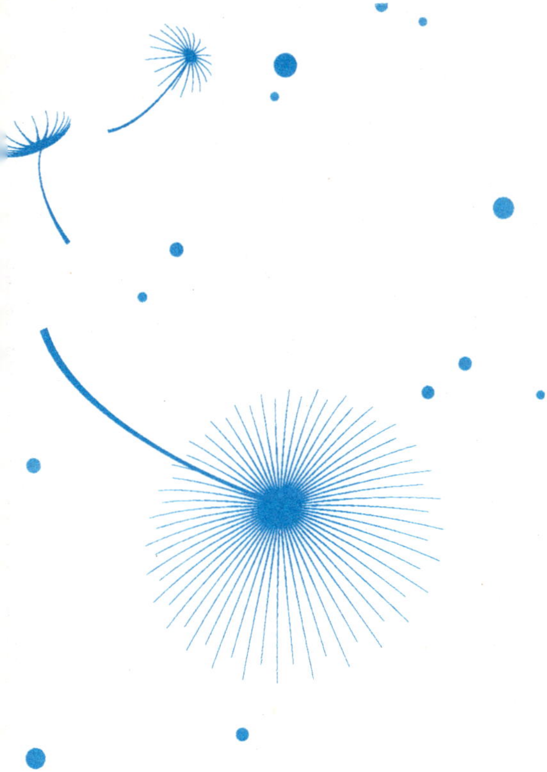

Part 3

动手篇：减压日记

编者注：行为心理学家研究证明，一个人的新习惯或理念的形成至少需要21天，但此阶段仍需要意识控制。如果想让新习惯达到无需意识控制的状态，则需要18天到254天（相当于36周或9个月）不等。因此，在“减压日记”栏目附赠了18周练习表格，希望大家在记录心情的过程中潜移默化地培养出好习惯，如有需要，可自行按此格式任意制作属于自己的减压日记。

减压日记

周一　13/5

今天我很感恩，因为：

· 天很蓝

·

周二　14/5

今天我很感恩，因为：

· 我提早到家了

·

周三　15/5

今天我很感恩，因为：

· 我见到了多年未见的劳拉

· 我家门前的风景很美

周四　16/5　　历；

今天我很感恩，因为：

· 里卡尔多给我打电话了

·

周五　17/5

今天我很感恩，因为：

· 顺利完成了工作

·

周六　18/5

今天我很感恩，因为：

· 我跟朋友们一起参加了晚会

·

周日　19/5

今天我很感恩，因为：

· 我在大自然里漫步

·

提醒事项

在一场争吵过后，我使用了冷静瓶

周四，我做了“与自己共情”的训练

绘制情绪地图

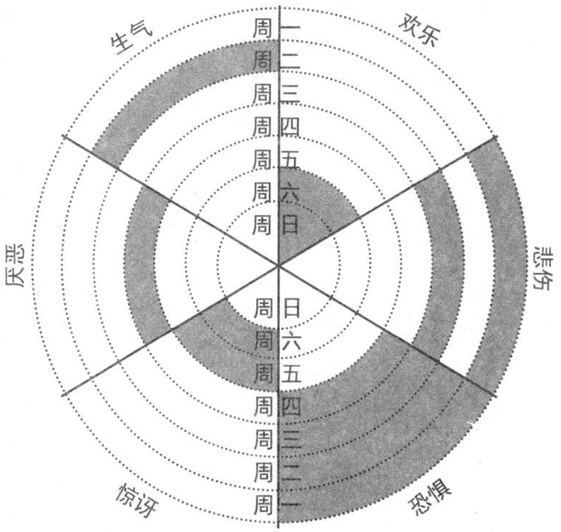

精力管理自测表

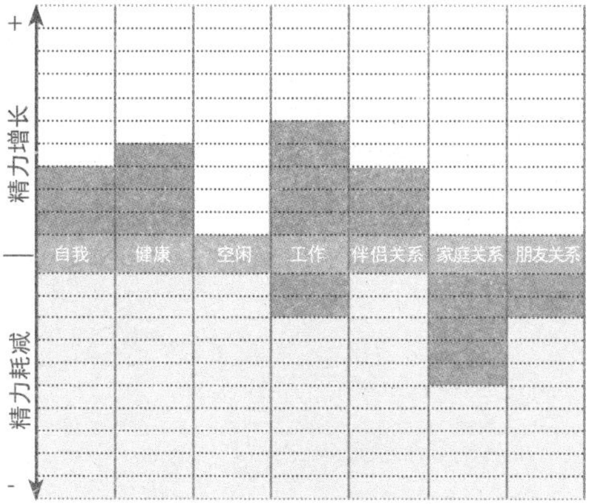

提醒事项

记录你的变化

周一 ______

今天我很感恩，因为：

- ……………………………………………………
- ……………………………………………………

周二 ______

今天我很感恩，因为：

- ……………………………………………………
- ……………………………………………………

周三 ______

今天我很感恩，因为：

- ……………………………………………………
- ……………………………………………………

周四 ______

今天我很感恩，因为：

- ……………………………………………………
- ……………………………………………………

周五 ______

今天我很感恩，因为：

- ……………………………………………………
- ……………………………………………………

周六 ______

今天我很感恩，因为：

- ……………………………………………………
- ……………………………………………………

周日 ______

今天我很感恩，因为：

- ……………………………………………………

……………………………………………………

提醒事项

绘制情绪地图

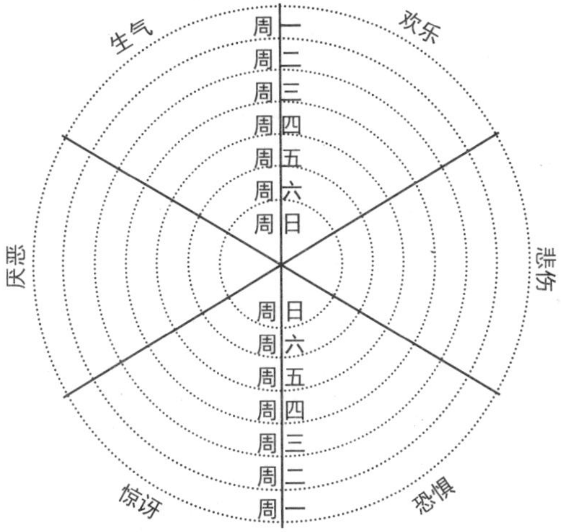

精力管理自测表

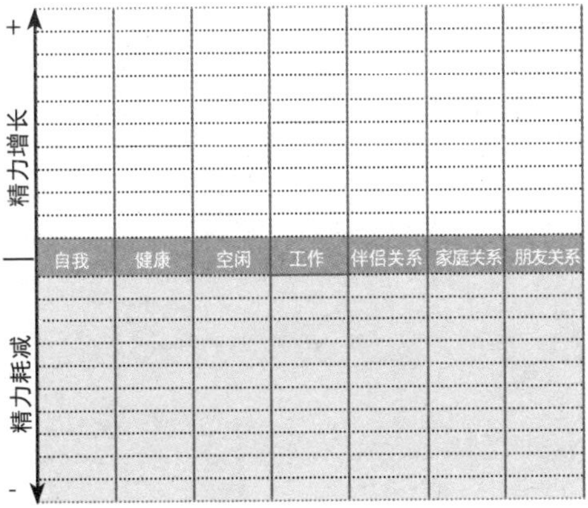

提醒事项

记录你的变化

周一 ______

今天我很感恩，因为：

- ……………………………………
- ……………………………………

周二 ______

今天我很感恩，因为：

- ……………………………………
- ……………………………………

周三 ______

今天我很感恩，因为：

- ……………………………………
- ……………………………………

周四 ______

今大我很感恩，因为：

- ……………………………………
- ……………………………………

周五 ______

今天我很感恩，因为：

- ……………………………………
- ……………………………………

周六 ______

今天我很感恩，因为：

- ……………………………………
- ……………………………………

周日 ______

今天我很感恩，因为：

- ……………………………………
- ……………………………………

提醒事项

绘制情绪地图

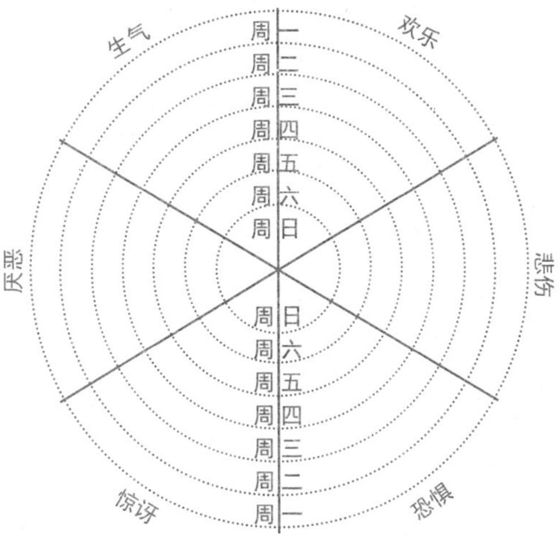

精力管理自测表

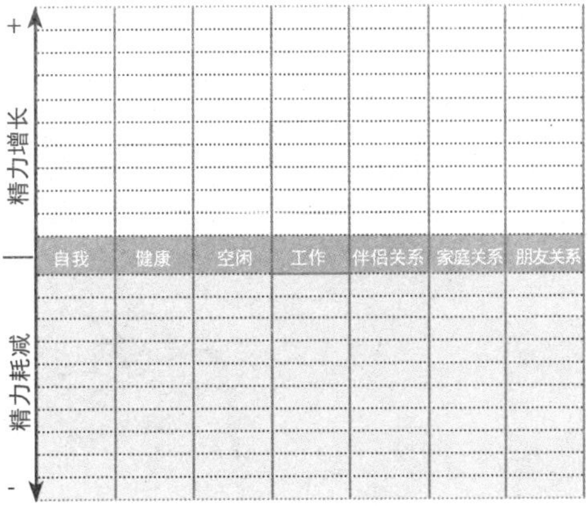

提醒事项

记录你的变化

周一 ______

今天我很感恩，因为：

· ....

· ....

周二 ______

今天我很感恩，因为：

· ....

· ....

周三 ______

今天我很感恩，因为：

· ....

· ....

周四 ______

今天我很感恩，因为：

· ....

· ....

周五 ______

今天我很感恩，因为：

· ....

· ....

周六 ______

今天我很感恩，因为：

· ....

· ....

周日 ______

今天我很感恩，因为：

· ....

....

提醒事项

绘制情绪地图

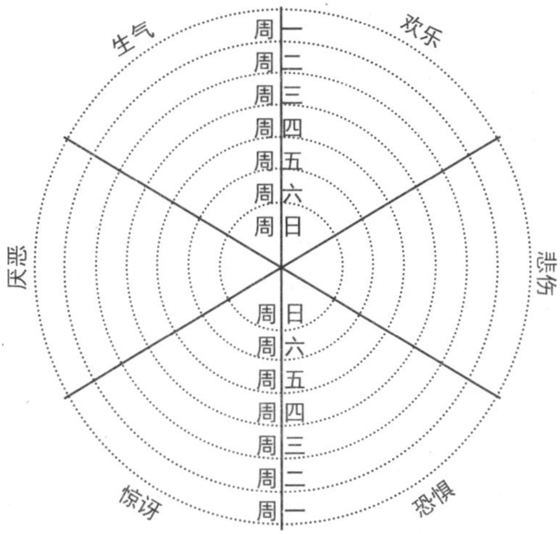

精力管理自测表

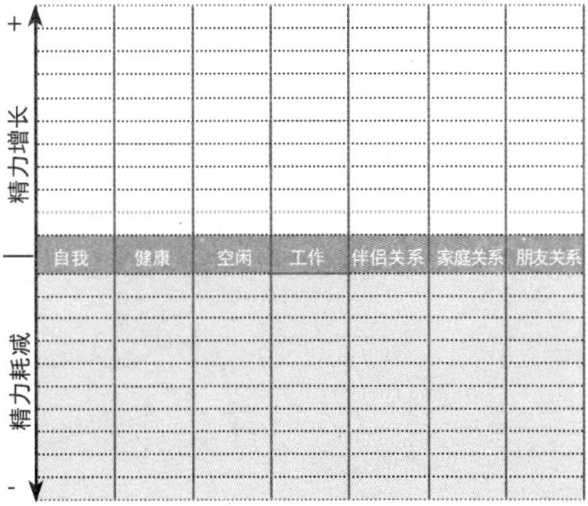

提醒事项

记录你的变化

周一 ______

今天我很感恩，因为：

· ……………………………………

· ……………………………………

周二 ______

今天我很感恩，因为：

· ……………………………………

· ……………………………………

周三 ______

今天我很感恩，因为：

· ……………………………………

· ……………………………………

周四 ______

今天我很感恩，因为：

· ……………………………………

· ……………………………………

周五 ______

今天我很感恩，因为：

· ……………………………………

· ……………………………………

周六 ______

今天我很感恩，因为：

· ……………………………………

· ……………………………………

周日 ______

今天我很感恩，因为：

· ……………………………………

……………………………………

提醒事项

绘制情绪地图

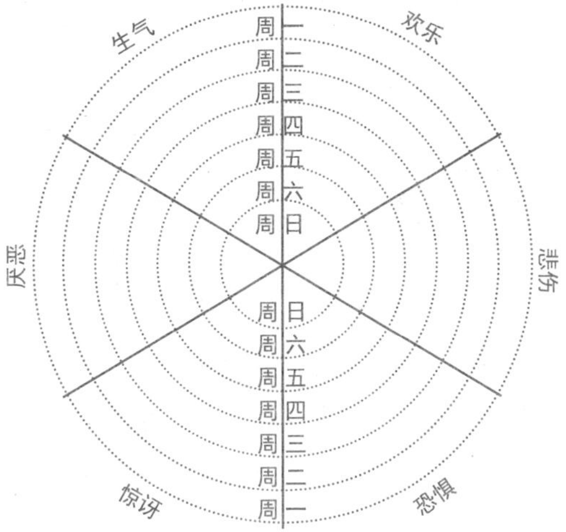

精力管理自测表

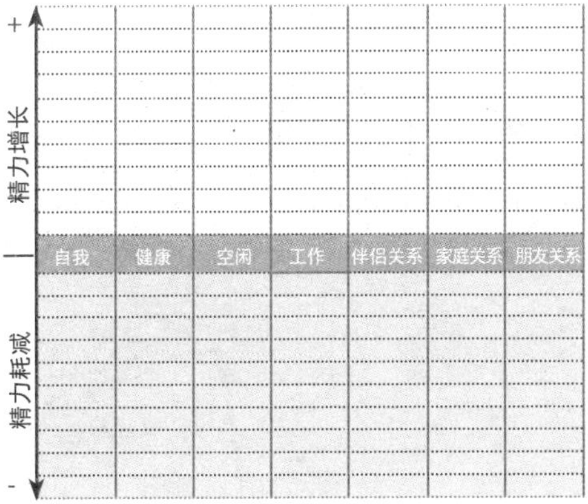

提醒事项

记录你的变化

周一 ______

今天我很感恩，因为：

· ……………………………………

· ……………………………………

周二 ______

今天我很感恩，因为：

· ……………………………………

· ……………………………………

周三 ______

今天我很感恩，因为：

· ……………………………………

· ……………………………………

周四 ______

今天我很感恩，因为：

· ……………………………………

· ……………………………………

周五 ______

今天我很感恩，因为：

· ……………………………………

· ……………………………………

周六 ______

今天我很感恩，因为：

· ……………………………………

· ……………………………………

周日 ______

今天我很感恩，因为：

· ……………………………………

……………………………………

提醒事项

绘制情绪地图

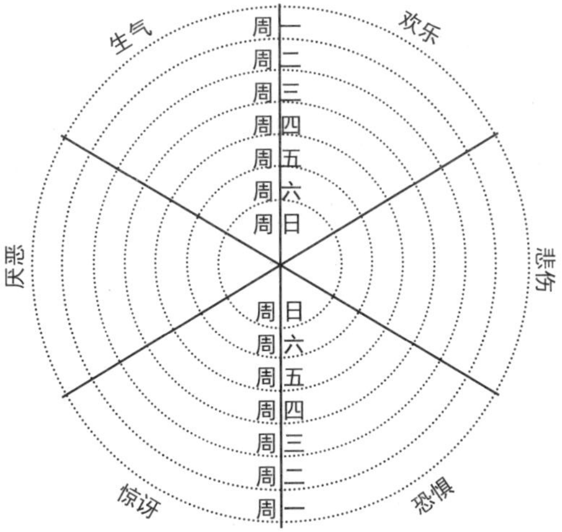

精力管理自测表

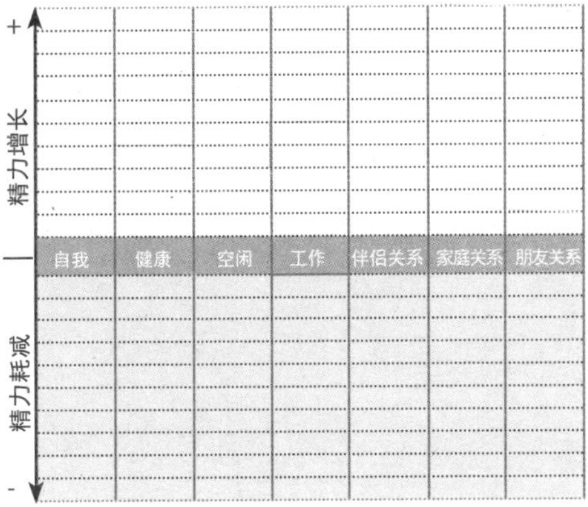

提醒事项

记录你的变化

周一 ______

今天我很感恩，因为：

- ……………………………………………………
- ……………………………………………………

周二 ______

今天我很感恩，因为：

- ……………………………………………………
- ……………………………………………………

周三 ______

今天我很感恩，因为：

- ……………………………………………………
- ……………………………………………………

周四 ______

今天我很感恩，因为：

- ……………………………………………………
- ……………………………………………………

周五 ______

今天我很感恩，因为：

- ……………………………………………………
- ……………………………………………………

周六 ______

今天我很感恩，因为：

- ……………………………………………………
- ……………………………………………………

周日 ______

今天我很感恩，因为：

- ……………………………………………………

……………………………………………………

提醒事项

绘制情绪地图

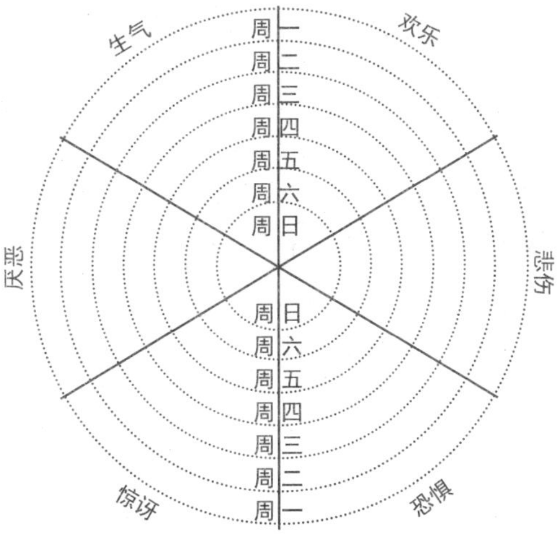

精力管理自测表

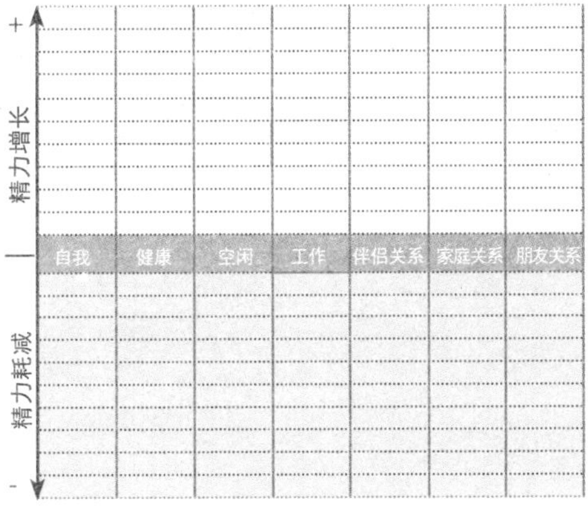

提醒事项

记录你的变化

周一 ______

今天我很感恩，因为：

· ……………………………………………………

· ……………………………………………………

周二 ______

今天我很感恩，因为：

· ……………………………………………………

· ……………………………………………………

周三 ______

今天我很感恩，因为：

· ……………………………………………………

· ……………………………………………………

周四 ______

今天我很感恩，因为：

· ……………………………………………………

· ……………………………………………………

周五 ______

今天我很感恩，因为：

· ……………………………………………………

· ……………………………………………………

周六 ______

今天我很感恩，因为：

· ……………………………………………………

· ……………………………………………………

周日 ______

今天我很感恩，因为：

· ……………………………………………………

……………………………………………………

提醒事项

绘制情绪地图

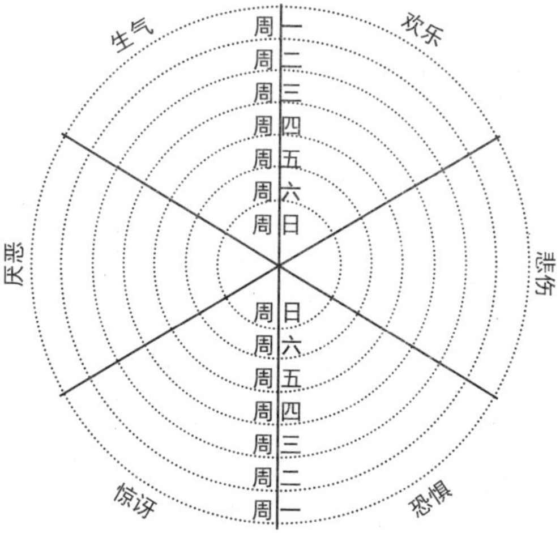

精力管理自测表

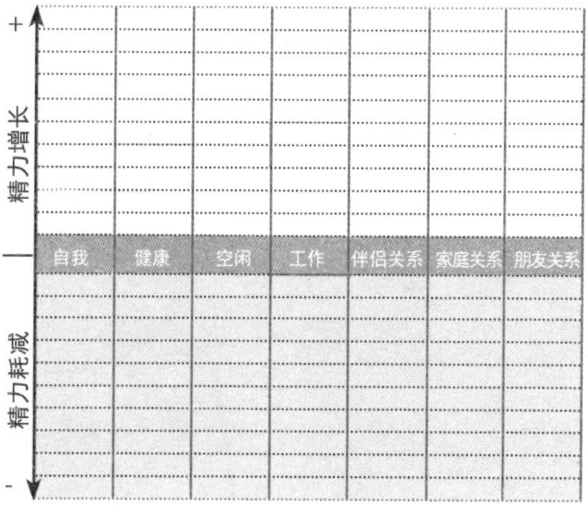

提醒事项

记录你的变化

周一 ______

今天我很感恩，因为：

- ……………………………………
- ……………………………………

周二 ______

今天我很感恩，因为：

- ……………………………………
- ……………………………………

周三 ______

今天我很感恩，因为：

- ……………………………………
- ……………………………………

周四 ______

今天我很感恩，因为：

- ……………………………………
- ……………………………………

周五 ______

今天我很感恩，因为：

- ……………………………………
- ……………………………………

周六 ______

今天我很感恩，因为：

- ……………………………………
- ……………………………………

周日 ______

今天我很感恩，因为：

- ……………………………………

……………………………………

提醒事项

绘制情绪地图

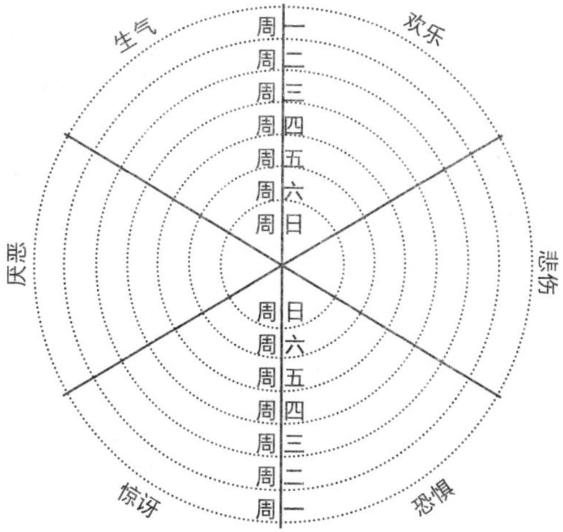

精力管理自测表

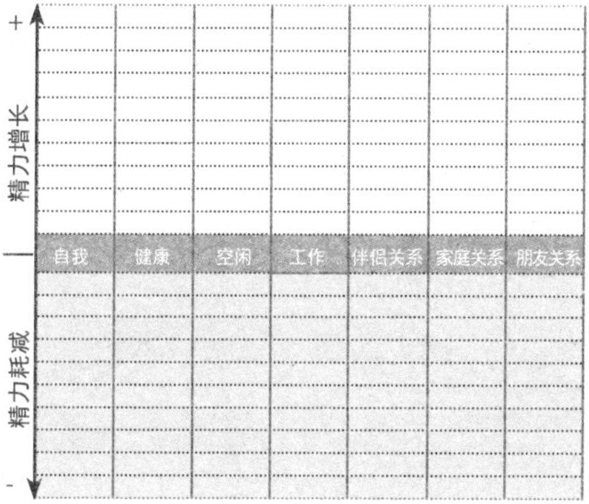

提醒事项

记录你的变化

周一 ______

今天我很感恩，因为：

- ………………………………
- ………………………………

周二 ______

今天我很感恩，因为：

- ………………………………
- ………………………………

周三 ______

今天我很感恩，因为：

- ………………………………
- ………………………………

周四 ______

今天我很感恩，因为：

- ………………………………
- ………………………………

周五 ______

今天我很感恩，因为：

- ………………………………
- ………………………………

周六 ______

今天我很感恩，因为：

- ………………………………
- ………………………………

周日 ______

今天我很感恩，因为：

- ………………………………

………………………………

提醒事项

绘制情绪地图

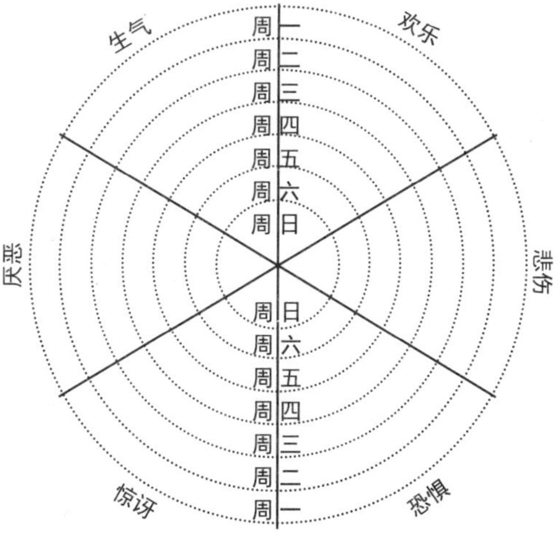

精力管理自测表

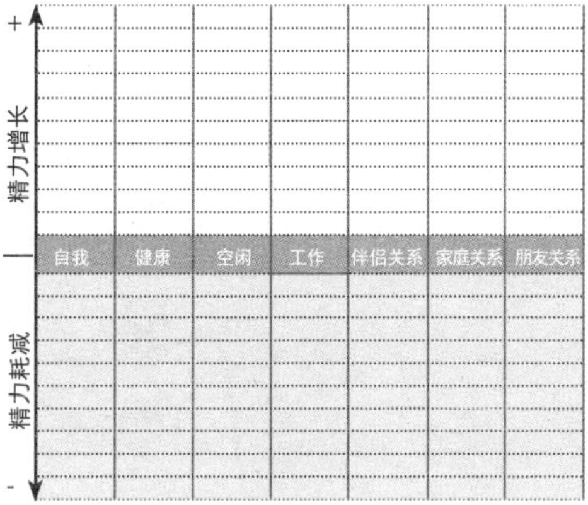

提醒事项

记录你的变化

周一 ______

今天我很感恩，因为：

- ………………………………
- ………………………………

周二 ______

今天我很感恩，因为：

- ………………………………
- ………………………………

周三 ______

今天我很感恩，因为：

- ………………………………
- ………………………………

周四 ______

今天我很感恩，因为：

- ………………………………
- ………………………………

周五 ______

今天我很感恩，因为：

- ………………………………
- ………………………………

周六 ______

今天我很感恩，因为：

- ………………………………
- ………………………………

周日 ______

今天我很感恩，因为：

- ………………………………

………………………………

提醒事项

绘制情绪地图

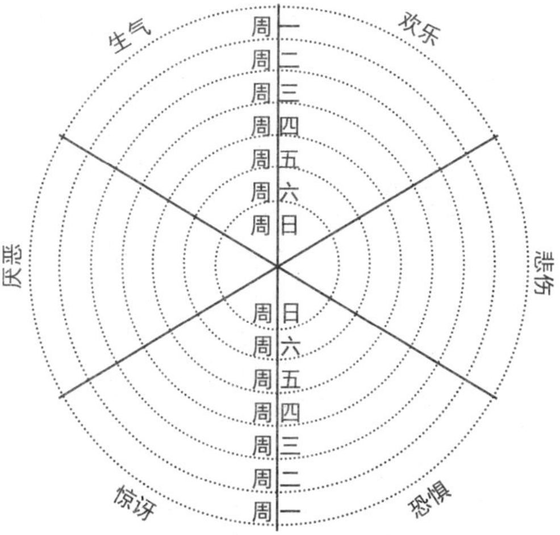

精力管理自测表

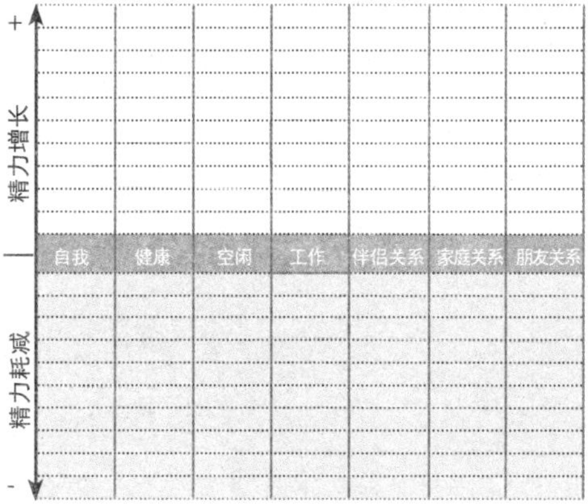

提醒事项

记录你的变化

周一 ______

今天我很感恩，因为：

- ……………………………………
- ……………………………………

周二 ______

今天我很感恩，因为：

- ……………………………………
- ……………………………………

周三 ______

今天我很感恩，因为：

- ……………………………………
- ……………………………………

周四 ______

今天我很感恩，因为：

- ……………………………………
- ……………………………………

周五 ______

今天我很感恩，因为：

- ……………………………………
- ……………………………………

周六 ______

今天我很感恩，因为：

- ……………………………………
- ……………………………………

周日 ______

今天我很感恩，因为：

- ……………………………………

……………………………………

提醒事项

绘制情绪地图

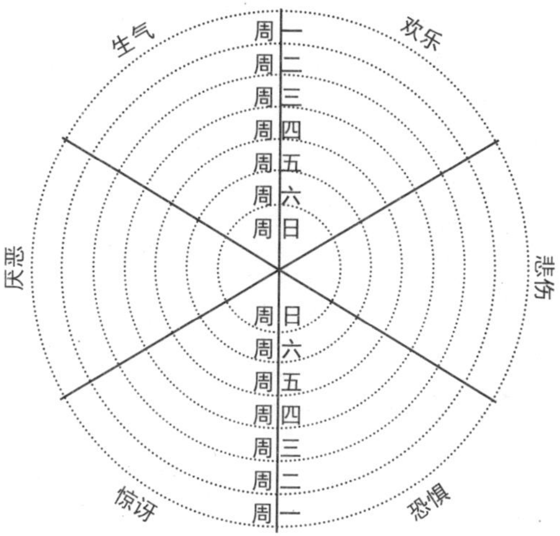

应激反应自测表

精力管理自测表

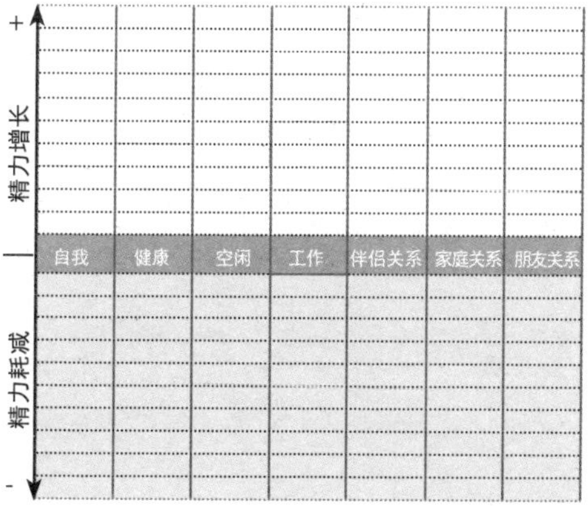

提醒事项

记录你的变化

周一 ______

今天我很感恩，因为：

· ……………………………………………………

· ……………………………………………………

周二 ______

今天我很感恩，因为：

· ……………………………………………………

· ……………………………………………………

周三 ______

今天我很感恩，因为：

· ……………………………………………………

· ……………………………………………………

周四 ______

今天我很感恩，因为：

· ……………………………………………………

· ……………………………………………………

周五 ______

今天我很感恩，因为：

· ……………………………………………………

· ……………………………………………………

周六 ______

今天我很感恩，因为：

· ……………………………………………………

· ……………………………………………………

周日 ______

今天我很感恩，因为：

· ……………………………………………………

……………………………………………………

提醒事项

绘制情绪地图

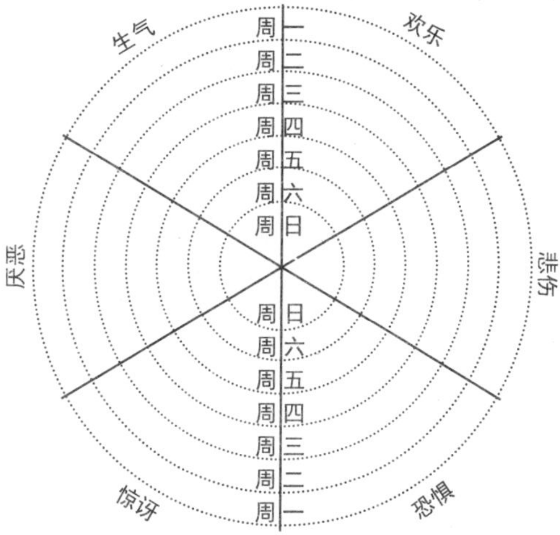

精力管理自测表

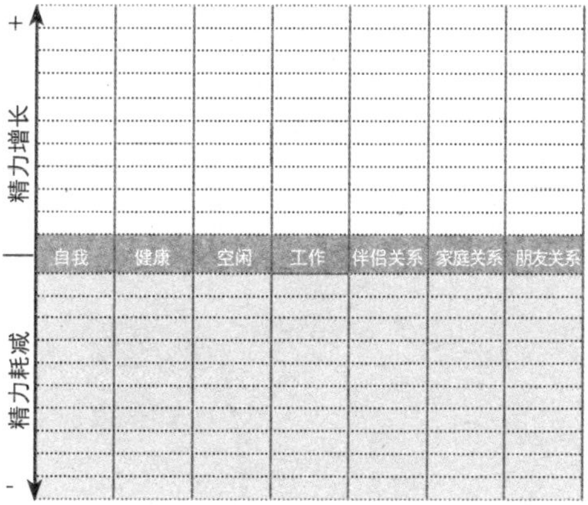

提醒事项

记录你的变化

周一 ______

今天我很感恩，因为：

· ……………………………………

· ……………………………………

周二 ______

今天我很感恩，因为：

· ……………………………………

· ……………………………………

周三 ______

今天我很感恩，因为：

· ……………………………………

· ……………………………………

周四 ______

今天我很感恩，因为：

· ……………………………………

· ……………………………………

周五 ______

今天我很感恩，因为：

· ……………………………………

· ……………………………………

周六 ______

今天我很感恩，因为：

· ……………………………………

· ……………………………………

周日 ______

今天我很感恩，因为：

· ……………………………………

……………………………………

提醒事项

绘制情绪地图

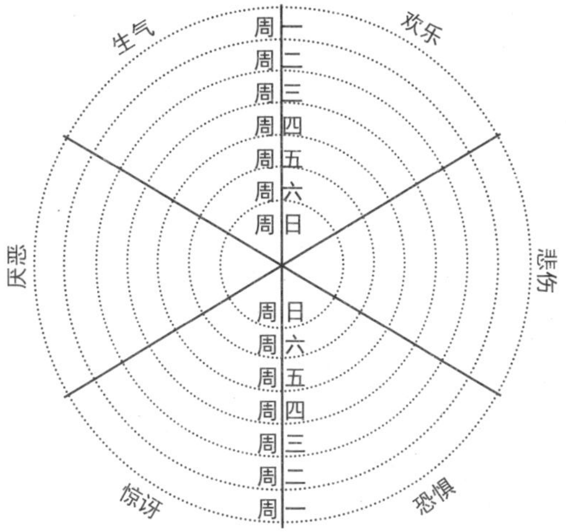

精力管理自测表

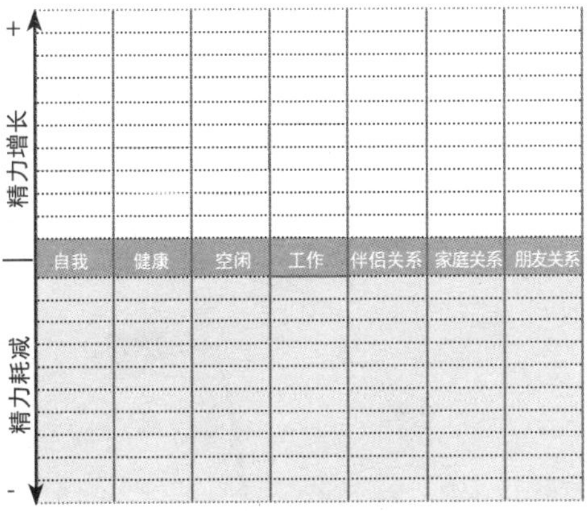

提醒事项

记录你的变化

周一 ______

今天我很感恩，因为：

- ______________________________
- ______________________________

周二 ______

今天我很感恩，因为：

- ______________________________
- ______________________________

周三 ______

今天我很感恩，因为：

- ______________________________
- ______________________________

周四 ______

今天我很感恩，因为：

- ______________________________
- ______________________________

周五 ______

今天我很感恩，因为：

- ______________________________
- ______________________________

周六 ______

今天我很感恩，因为：

- ______________________________
- ______________________________

周日 ______

今天我很感恩，因为：

- ______________________________
- ______________________________

提醒事项

绘制情绪地图

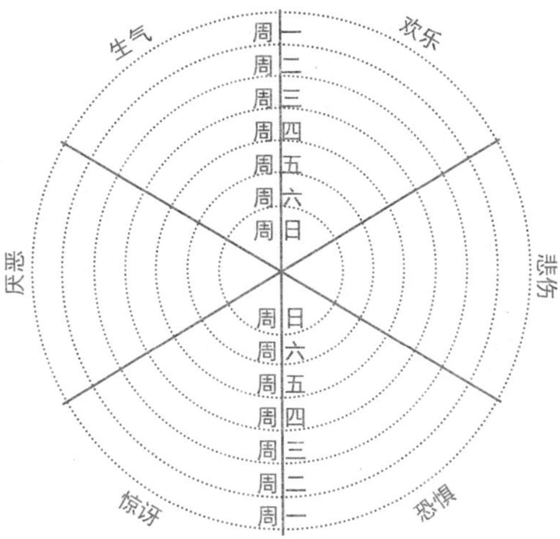

精力管理自测表

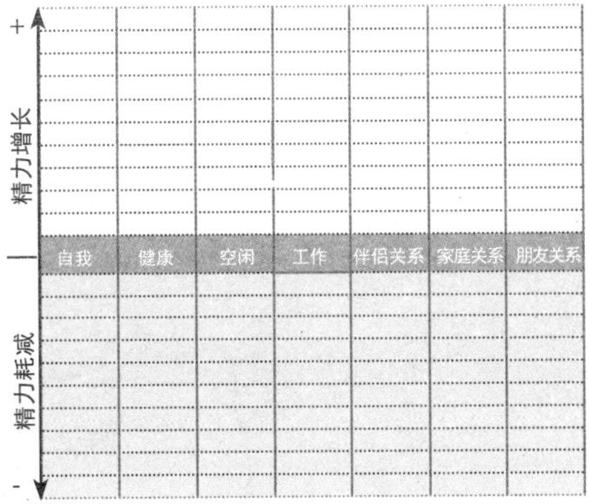

提醒事项

记录你的变化

周一 ______

今天我很感恩，因为：

· ……………………………………………………

· ……………………………………………………

周二 ______

今天我很感恩，因为：

· ……………………………………………………

· ……………………………………………………

周三 ______

今天我很感恩，因为：

· ……………………………………………………

· ……………………………………………………

周四 ______

今天我很感恩，因为：

· ……………………………………………………

· ……………………………………………………

周五 ______

今天我很感恩，因为：

· ……………………………………………………

· ……………………………………………………

周六 ______

今天我很感恩，因为：

· ……………………………………………………

· ……………………………………………………

周日 ______

今天我很感恩，因为：

· ……………………………………………………

……………………………………………………

提醒事项

绘制情绪地图

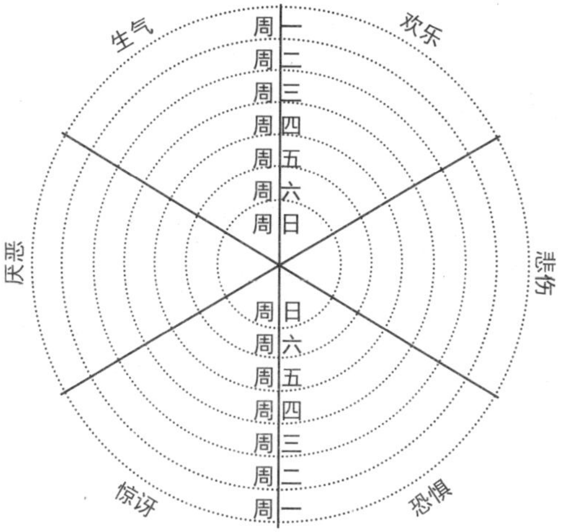

精力管理自测表

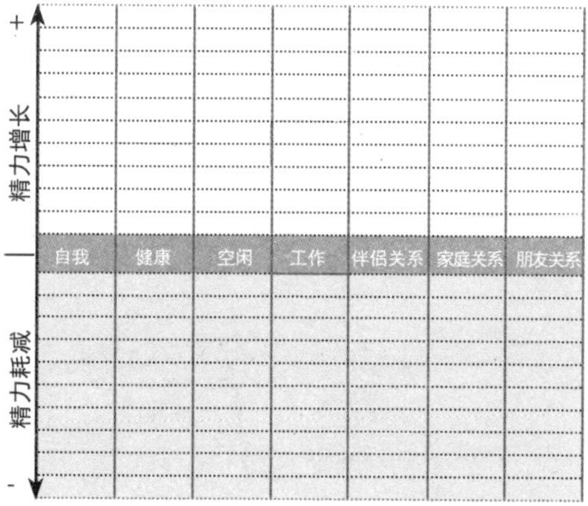

提醒事项

记录你的变化

周一 ______

今天我很感恩，因为：

· ……………………………………………………

· ……………………………………………………

周二 ______

今天我很感恩，因为：

· ……………………………………………………

· ……………………………………………………

周三 ______

今天我很感恩，因为：

· ……………………………………………………

· ……………………………………………………

周四 ______

今天我很感恩，因为：

· ……………………………………………………

· ……………………………………………………

周五 ______

今天我很感恩，因为：

· ……………………………………………………

· ……………………………………………………

周六 ______

今天我很感恩，因为：

· ……………………………………………………

· ……………………………………………………

周日 ______

今天我很感恩，因为：

· ……………………………………………………

……………………………………………………

提醒事项

绘制情绪地图

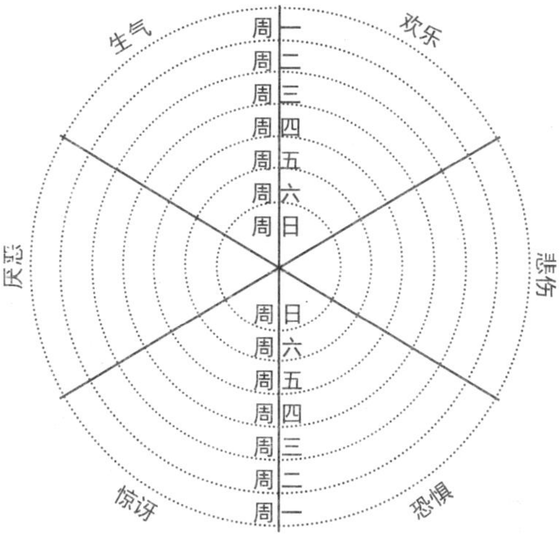

精力管理自测表

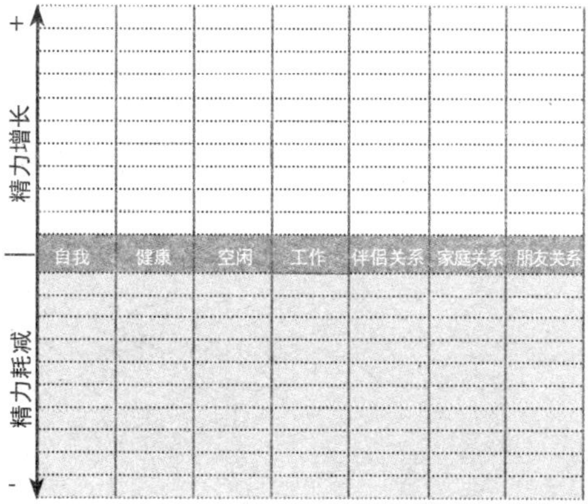

提醒事项

记录你的变化

周一 ______

今天我很感恩，因为：

· ……………………………………

· ……………………………………

周二 ______

今天我很感恩，因为：

· ……………………………………

· ……………………………………

周三 ______

今天我很感恩，因为：

· ……………………………………

· ……………………………………

周四 ______

今天我很感恩，因为：

· ……………………………………

· ……………………………………

周五 ______

今天我很感恩，因为：

· ……………………………………

· ……………………………………

周六 ______

今天我很感恩，因为：

· ……………………………………

· ……………………………………

周日 ______

今天我很感恩，因为：

· ……………………………………

……………………………………

提醒事项

绘制情绪地图

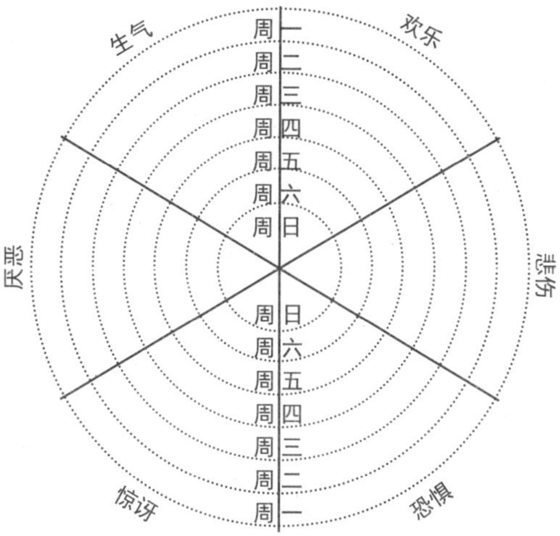

精力管理自测表

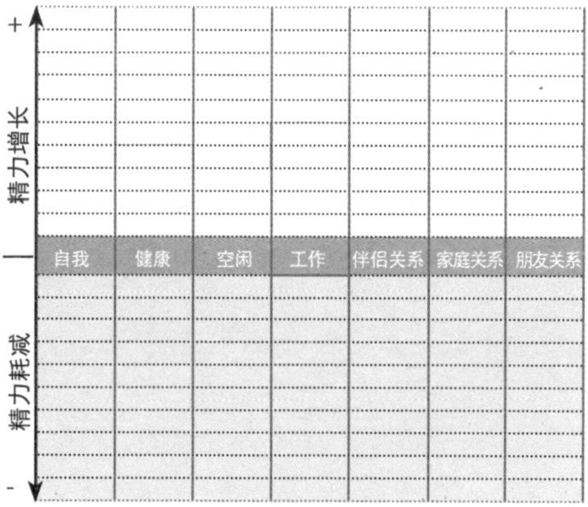

提醒事项

附录A：高敏感族自助讯息

¤ 相关资讯网站：

- www.nicolettatravaini.it

心身医学和高敏感度

- www.ipersensibili.com

目前，这些网站已臻于完善，其内容包括各类科普文章、具体案例、研究项目和最新成果。网站上登载的通俗易懂的科学资料加深了我们对高敏感度的了解，使我们懂得了高敏感型的人有哪些个性特点，以及如何更好地认识、利用和管理高敏感度。你在这两个网站上不仅可以找到我的联系方式、工作室地址和各种活动介绍，同时还可以订阅相关资料。

☒ 延伸阅读：

- 《敏感者的天赋》，尼克莱塔·特拉瓦伊尼，red! 出版社

- 《隐藏的心灵》，尼克莱塔·特拉瓦伊尼，Galassia Arte 出版社

☐ 音频网址：

- www.spreaker.com/nicolettatravaini

这个网站都是时长数分钟的简短音频。无论你在车里，还是在走路，或是在做运动，你都可以随时随地收听。我既在这些播客中谈到了敏感度的问题，也谈及了其他许多心理学的话题。有时，我会讲述一段或许对他人有用的个人经历；有时，我会阐述一种行为策略或推荐一些工具、方法；有时，我也会引导大家做一个表象或正念训练。

☐ 社交平台

- 脸书（Facebook）主页

IpersensibiliTM di Nicoletta Travaini（尼克莱塔·特拉瓦伊尼：高敏感型的人）

Psicosomatica e Bioenergetica di Nicoletta Travaini（尼克莱塔·特

拉瓦伊尼：身心医学与生物能量训练）

· 照片墙（Instagram）主页

@nicoletta_travaini

☐ 高敏感族的个人发展与成长：活动和课程

· 高敏感族强化学习（2次私课；现场、线上两种授课形式）

通过本课程的学习，你可以了解自己是否属于高敏感型的人，并且掌握一些用于管理和照料这一特点的工具、方法。

· 个人心理咨询项目——“为你绽放”（一对一咨询；现场、线上两种授课形式）

“为你绽放”是我专门针对高敏感族的个人心理咨询项目。雏菊与花毛茛各有不同，但两者之间没有好坏之分，即便是每一朵雏菊之间也不尽相同。每一朵花都应该实现自我的充分绽放。

我会因人而异地为每个前来咨询的人制定提供心理支持的疗程。它可能涉及一个或多个层面的治疗，包括行为层面、情绪层面、认知层面或身份认同层面的治疗。至于需要进入哪一个层面去对患者进行治疗，这取决于高敏感型的人受到创伤的严重性及其生活质量受影响的程度。

总而言之，我会对每位患者的高敏感度及其生活受影响的程度进行细致严谨的临床评估。

最初，我都是面对面地与患者们开展“为你绽放”这一心理咨询项目。后来，随着现代科技的不断发展，同时为了回应遍布意大利各地的患者的需求，我也逐步采用了在线咨询的新形式。

· 个人速成班

为那些生活在异地但仍然希望到现场听课的人开设的速成班。

· 身体训练疗法

针对高敏感度可能导致的身心方面的主要问题，采用生物能量训练和正念训练的方法进行治疗。

· 关于高敏感度课题的研讨会

· 高敏感族减压小组见面会

用一整天的时间，在高敏感型的人之间集中开展减压训练。

· 高敏感度自我调节和管理群组（最新）

为了照料自身的高敏感度，用半天的时间，组织高敏感型的人定期会面，学习新的减压策略和方法，并且进行相互比较。

· 为高敏感型的人治疗领域的从业人员提供培训

· 提供涉及组织情商和组织高敏感度的企业培训

· 如你需要更多信息，请联系：

nicolettatravaini@gmail.com 或 ipersensibili.hsp@libero.it

附录B：高敏感族的减压表

基于我对高敏感型的人的心理治疗的研究实践以及我的自身经历，在此，我向你推荐一份关于减压和放松活动的不完全列表。

- 听音乐
- 演奏乐器
- 欣赏音乐会

- 与亲友一起看电影
- 与动物相处
- 朗读
- 写日记
- 去餐厅体验新口味
- 去轻吧小酌一杯
- 养植物或打理花园
- 做手工：绘画、雕刻、剪纸、修补、木工
- 烹饪
- 体育运动
- 与儿童相处

· 去与其他的高敏感型的人相处

· 单独一人或在亲朋好友的陪伴下去购物，但花费的时间不宜过长

· 整理自己的房间

· 定期做一些轻松的家务劳动

· 散步

· 冥想

· 开展日常身体锻炼（生物能量训练、瑜伽）

· 经常给自己送小礼物：礼物不必太夸张、太昂贵，只需给自己留个念想即可

· 学习新知识，参加业余学习

· 跳舞

· 泡温泉

· 做个按摩

· 在大自然里待上一段时间：可以是田间乡野，也可以是山河湖海

· 欣赏大自然

· 摄影

· 照料自己的身体

· 参加个人成长课程

· 参观展览馆或博物馆

· 参加会议和讨论

· 与密友一起消磨时光

· 和伴侣相伴相随

· 美妙性生活

· 看电影

· 去市场购物，以便感受那种比大型超市更贴近自然的声音和气息

· 去酒吧和夜店，但你需要自主地做出决定，当你想离开时，应能够立即离开

· 浏览、阅读有趣的杂志

· 打牌，下棋，玩桌游

· 释放情绪，大声喊叫

……